设备维修万法

喻树洪—著

中国工人出版社

前言

制造业是国民经济的主体，是立国之本、兴国之器、强国之基。当前，随着制造业与互联网的迅速融合，全球产业正发生新一轮的变革，形成新的生产方式、产业形态、商业模式和经济增长点。在这一重大历史机遇面前，我国确定实施制造强国战略，力争到新中国成立100年时，把我国建设成为引领世界制造业发展趋势的制造强国，为实现中华民族伟大复兴的中国梦打下坚实基础。

目前，3D打印、移动互联网、云计算、大数据、生物工程、新能源、新材料等领域不断取得新突破，智能制造正在引领制造方式变革。但是，制造业不管发展到什么程度，都离不开设备。而要保证设备的稳定运行，就离不开设备维护保养人员。设备维护保养的目的在于按照设备固有的规律，通过维护保养等手段，使其各种性能指标保持完好；提高设备的生产效率和利用率，延长其使用寿命并谋求最经济的设备寿命周期费用；追求无事故、高效益，最终赢得经济效益和社会效益。

设备维护保养是一门学科，维修的方法也多种多样。在日常生产中，采取合适的维修方法不但可以快速处理设备故障、节约维修成本，还可以消除隐患，减少和避免重大事故的发生，保证生产运行。

某施工现场，一台柴油发电机因平时严重失保欠养，只运转了3000多小时就出现了严重故障。维修人员检修时，发现发电机的各类滤清器被污染、堵塞，汽缸内壁磨损、凹下台阶3毫米深，机油黏稠，连杆空隙松旷，曲轴轴承报废。不得已，维修人员只有提前大修。

而据有关报道，德国一台1898年生产的该类型柴油发电机一直用到1998年才因耗能高而停用，整整使用了100年，两者的差别不言而喻。

实践证明，通过对设备进行维护保养，有利于延长设备的使用寿命。

维修是一门伴随工具、设备进步而发展的行业。随着科技的快速发展，设备智能化、产品精密化的步伐不断加快，维修这个行业也发生着革命性的变化。这些变化对维修人员的专业化程度要求越来越高。要成为一名优秀的维修人员，就离不开学习和实践总结。人们已从社会实践和生产工作中摸索出一套行之有效的维修经验、方法和原则。

维修需要遵循哪些原则？又有什么方法和经验可循？

我们知道，任何设备都有它的设计原理。如果你对设备的原理一点都不懂，面对故障就会不知所措。如果我们掌握了设备的设计原理，把握了维修的原则和方法，在维修的过程中就会思路清晰、有据可依、有的放矢、少走弯路，快速和准确地解决故障。

维修和治病一样，要讲究理论方法和实践经验。理论方法和实践经验就像人的两条腿，二者缺一不可。理论丰富，如果缺乏经验，就不能及时地发现问题；发现了故障，如果不懂理论知识，就不能有效地解决问题。只有掌握了精深的理论知识，加上丰富的维修经验，才能成为维修行业真正的高端技术人才。

本书列举了日常生活和生产工作中的大量维修案例，归纳了维修的十个基本原则，总结了设备维修的十种方法和十条经验，并提出了故障管理的十个问题。积财千万，不如薄技在身！只要能掌握书中的维修原则与方法，再通过在实践中不断地学习，必定能成为维修高手，攻克日常生活、生产工作中的各种维修难题。

目录

第 1 章

基本概念

缺乏知识就无法思考，
缺乏思考也就学不到知识。

——西方谚语

人与动物的最主要区别是人类会发明和使用工具。人类文明的发展史，就是一部发明和使用工具的历史。

最原始的劳动工具是石器时代的石器，而石器时代又分为旧石器时代和新石器时代。旧石器时代距今约 300 万年至 1 万年，以使用打制石器为标志；新石器时代以使用磨制石器为标志，是继旧石器时代之后，由中石器时代过渡发展而来的，属于石器时代的后期。新石器时代大约从 1.8 万年前开始，结束时间距今 5000 多年。石器时代之后，又相继出现了青铜时代、铁器时代、蒸汽时代、电气时代和信息时代，这些时代都是以人类使用工具的主要方式命名的。

青铜时代是以使用青铜器为标志的人类文明发展阶段。青铜出现后，对提高社会生产力起了划时代的作用。

在世界范围内的青铜时代是从公元前 4000 年至公元初年。中国的青铜文化始于公元前 21 世纪，止于公元前 5 世纪。在青铜时代，中国已经建立了国家，有了发达的农业和手工业，汉字也已经发展成熟。中国是世界上使用青铜器较早的地区之一。

铁器时代是指人们开始使用铁来制造工具的时代。其与之前时代的主要区别在于农业发展、宗教信仰与文化模式等方面。这是青铜时代之后人类社会发展的一个新阶段。这里所说的铁器时代指的是早期阶段，在晚期阶段，各国已经进入有文字记载的文明时代。中国是世界上较早发明和使用铁器的地区之一。

第一次工业革命出现在蒸汽时代，发源于 18 世纪 60 年代的英国，以瓦特改良蒸汽机为标志。这场革命以蒸汽机作为动力为标志，开创了以机器代替手工劳动的时代。这不仅是一次技术改革，更是一场深刻的社会变革，并迅猛地向外扩展。蒸汽机的发明和应用，将人类带入了一个全新的时代。

19世纪七八十年代电力的广泛应用，开启了波澜壮阔的第二次工业革命。人类发明和制造了发电机、电动机、电灯、电话、电报、电影、汽车、飞机等划时代的产品，开创了人类的电气时代，这个时代的标志性产品至今还影响着我们的生活。

20世纪四五十年代，以原子能技术、航天技术、生物技术和电子计算机的运用为标志，掀起了第三次工业革命，将人类社会带入了电子信息时代。电子信息技术大大加快了信息传递的速度和效率。个人电脑的发明、互联网的诞生以及智能手机的普及，深刻地影响了我们的生活方式和行为方式，一场前所未有的技术革命席卷了全球。

纵观人类发明和使用工具的历史，我们会发现，人类从简单地打磨石头开始，已经发展到制造越来越智能的电脑、手机、航天器等精密工具的阶段。简单的设备保养和维修起来十分方便，不需要专业的维修人员，而现代化的机器和设备却离不开专业维修人员的保养和维护。设备越精密，对维修人员的要求越高，分工也越细。可以说，维修是近代才产生的一门专业学科，是伴随着人类制造和使用工具水平的进步，在生产实践中摸索出的一套原理、原则和方法体系。不管设备多么智能和精密，都有可能出现故障，都离不开维修，而最有效的维修路径是从掌握维修的方法入手。

下面先介绍维修的几个常用概念。

第一节　设备

广义来说，设备是指在生活和生产中所需的各种器件和用品。图 1-1 所示为部分广义的设备。

生活中的设备，如电视机、计算机、手机、抽油烟机、电风扇、空调、洗衣机等。

生产中的设备，如机床、吊车、专用设备、办公设备、建筑厂房、医疗设备等。

企业管理中所指的设备是指符合固定资产条件、价值较高、能独立完成至少一道工序或提供某种功能的机器、设施以及维持这些机器、设施正常运转的附属装置。

飞机　　　　　计算机　　　　　医疗设备　　　　　厂房

图 1-1　广义的设备

第二节　机器

　　机器是由若干零部件装配起来，用来转换和传递能量、物料和信息，能完成设定任务的装置。

　　机器一般由零件、部件组成一个整体，或者由几个独立机器构成联合体。凡用来完成有用功的机器统称为工作机，如各种机床、起重机、纺织机、发电机等。凡将其他形式的能量转换为机械能的机器统称为原动机，如内燃机、蒸汽机、电动机等。在工程中，大多是工作机和原动机互相配合应用，有时再加上独立的传动装置，统称为机组。一般来说，机器分为三个部分：工作部分、传动部分、控制部分。图 1-2 所示为机器工作流程。

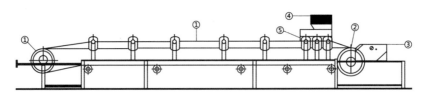

①传动部分　②工作部分　③控制部分　④原料输入漏斗　⑤成品输出

图 1-2　机器工作流程

　　工作部分：直接实现机器特定功能、完成设定任务的部分。

　　传动部分：按工作要求将动力传递、转换或分配给工作部分的中间装置。

　　控制部分：控制机器启动、停止和变更运动参数的部分。

第三节　零件

零件是组成设备和机器的最小单位，是不可分拆的个体，是机械制造过程中的基本单元，是一种不再需要装配工序的构件。例如，齿轮、连杆体、螺钉、螺母、垫片、曲轴、弹簧等都是零件，像轴承等经过简单连接的构件亦称为零件。图 1-3 所示为部分机械零件。

电器中的某些构件如电阻、电容、二极管等，仪表工业中的某些构件如游丝、发条等，也称为零件。图 1-4 所示为部分电器零件。

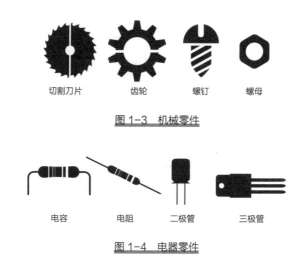

切割刀片　　齿轮　　螺钉　　螺母

图 1-3　机械零件

电容　　电阻　　二极管　　三极管

图 1-4　电器零件

第四节 原辅料

　　原辅料是生产过程中需要的原料和辅助用料（辅料）的总称。例如，炼油生产中的原料为原油，辅料为催化剂等；药厂生产中的原料为原料药，辅料为各种稳定剂、赋形剂等；包装机的原料为需要包装的物件，辅料为商标纸、薄膜等。为机器提供动力的电源、气源也是原辅料。用于进一步加工的材料即为原料，它可以是其他加工过程的产物，也可以是自然界生长或自然形成的物体。图1-5所示为部分原辅料。

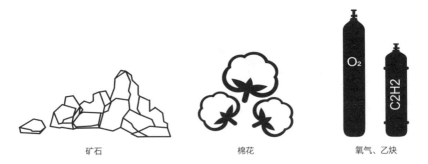

矿石　　　　　　　　　棉花　　　　　　　　氧气、乙炔

图1-5　原辅料

第五节　故障

故障是指设备在使用过程中，因某种原因达不到设计的要求或丧失规定功能的现象。如手机屏幕无显示、汽车刹车失灵等现象，都可以称为故障。

一、故障的分类

1. 按功能性质分类

（1）功能停止型故障：也称硬故障，指设备突发性停止的故障，如某些机械部件的损坏、断裂等。这种故障易于发现，容易排除。

（2）功能降低型故障：也称软故障，指设备虽可以动作，但加工能力下降或导致其他损失的故障。相对来说，软故障出现的频率更高一些（如出现次品、质量达不到要求等），并且故障的原因也相对隐蔽，不太容易被发现。

2. 按工作状态分类

（1）间歇性故障：间歇性反复出现的故障。

（2）连续性故障：一般是指导致设备功能下降，但设备依然可以运行，难以修复且修复价值不大的故障。如老式电脑出问题了，由于配置太低，人们一般选择淘汰而不是维修它。

3. 按发生时间分类

（1）初期故障：在设备调试阶段和试运转的 1~3 个月内发生的故障。

（2）突发性故障：设备在稳定运行期间突然发生的故障。例如，在操作中，因为操作工人水平低、注意力不集中、违规操作造成的突发故障；因为外界条件发生变化而引起故障，如电压波动、负荷突然增加、传动机构搅入异物、连接件突然断裂、传动件断裂、限位失灵、轴承烧死、结构件由于振动焊口开裂等。

（3）后期故障：设备使用一定年限后，由于各种影响因素的作用，使设备的初始参数逐渐劣化、衰减而引起的故障。这类故障一般与设备零部件的磨损、腐蚀、疲劳及老化有关，是在工作过程中逐渐形成的。

4. 按产生原因分类

（1）人为故障：由于人的操作不当、违章操作导致的故障。该类故障可以通过对操作人员进行培训、加强管理来控制。

（2）自然故障：设备自然发生的故障，如设备在正常工作中由于零件磨损、老化引起的故障，因设计、制造不当而引发的故障，等等。

5. 按造成后果分类

（1）严重故障：故障发生后会产生严重的后果、会危及企业的经营或操作者的人身安全的故障。

（2）一般故障：故障发生后会对企业的经营产生一定影响的故

障，如引起设备有效作业率下降等。

6. 按故障部件分类

（1）机械系统故障：机器的机械部分发生损坏，如机器的齿轮被打坏、轴承损坏、皮带断裂等。

（2）电器系统故障：机器的电控部分出现故障，如电器的元器件损坏、电路板老化、电线短路、检测器失灵等。

（3）润滑系统故障：机器的润滑系统出现故障，导致零件润滑不良，如润滑管路堵塞、润滑油泵坏等。

7. 按故障性质分类

（1）明显安全性故障：可能直接危及作业安全的故障。这种故障发生在具有明显功能的部件上。

（2）明显使用性故障：对使用能力或完成作业任务有直接影响的故障，这种故障不是安全性的，也是发生在具有明显功能的部件上。

（3）明显非使用性故障：对使用能力或完成作业任务没有直接不利影响的故障。

（4）隐蔽安全性故障：指与另一故障（明显功能故障）结合后会危及作业安全的隐蔽功能故障。

（5）隐蔽经济性故障：指与另一故障（明显功能故障）结合后不会危及作业安全，只有经济方面的影响的故障。

二、故障原因分类

设备故障的形成是一个渐变或突变的过程。故障是显露出来的问题，而大量的故障原因是隐蔽的、潜在的，尚未凸显出来，就像冰山藏在水中的部分，如图 1-6 所示。

故障

水平面

尘土、油污、污秽、原料附着、
磨损、振动、松动、泄漏、划痕、
裂纹、发热、声音异常、短路、电阻变化、
润滑不良、冷却不当等

图 1-6　故障"冰山"

所有机器故障产生的原因可以归纳为以下几点：

1.设计原因造成的故障

因设计原理、结构、尺寸、配合、材料选择等不合理而造成的故障。

2.制造过程造成的故障

因制造过程中的加工件不符合要求，锻造、热处理、装配、标准元器件等存在问题而造成的故障。

3.安装原因造成的故障

因机器安装的地面平整度、垫铁、地脚螺栓、水平度、防震程度等不符合要求而造成的故障。

4. 不合理使用造成的故障

因加工不符合要求的零件、超切削规范、加工件超重、设备超负荷等而造成的故障。

5. 润滑不良造成的故障

因不及时润滑，油质不合格，油量不足或超量，油的牌号、种类错误，加油点堵塞，自动润滑系统工作不正常等而造成的故障。

6. 自然灾害造成的故障

因雷击、洪水、暴雨、塌方、地震等引起的故障。

7. 工作环境造成的故障

由于工作环境不符合要求造成的故障。如温度、湿度不符合要求，粉尘超标等。

8. 原辅料造成的故障

由于原辅料不合格或原辅料不适应设备造成的故障。

9. 维修不当造成的故障

因修理、调试时，装配不合格，备品、配件不合格，局部改进不合理等造成的故障。

10. 操作不当造成的故障

因操作者保养不合格、调整不当、清洁换油时操作不当，操作者精神不集中、技能水平达不到要求造成的故障。

对故障原因进行统计分析，有利于故障的预防和控制，明确故障管理工作的重点。

三、设备隐患

凡正式投产的设备，由于老化、失修或设计、制造质量等原因，可能引发生产安全事故、设备事故以及人员伤亡的缺陷，称为设备隐患。隐患肯定会引起设备故障或事故，所以必须将隐患消除。图 1-7 中存在部分设备隐患。

如果一台起重机的吊臂存在隐患，就可能危及人的安全，必须提前更换以预防事故发生。如未及时预防导致事故发生，后果不堪设想，所以隐患也算故障。

图 1-7　设备隐患

隐患就是故障

2009年10月，某矿业公司发生罐笼蹾罐的重大事故，造成26人死亡、5人重伤，直接经济损失800多万元。事故的直接原因是调绳离合器处于不正常啮合状态，闭合不到位；调绳离合器的联锁阀活塞销不在正常闭锁位置，无法实现闭锁功能。提升机在运行过程中，游动卷筒与主轴脱离，失去控制，罐笼和钢丝绳在重力的作用下带动卷筒高速转动、迅速下坠，最终造成了重大事故。

点评： 事故是可以避免的，倘若能及时发现调绳离合器不正常的隐患，立即按故障进行处理，就不会出现大的安全事故。

一颗马钉改变英国历史

国王理查三世和他的对手亨利·都铎伯爵要决一死战，这场战役将决定谁统治英国。在战役进行的当天早上，理查派了一名马夫去备自己最喜欢的战马。

"快点给马钉掌！"马夫对铁匠说，"国王希望骑着它打头阵。"

"你得等等！"铁匠回答，"我前几天给全军的马都钉了掌，现在我得找点儿铁条来"。

"我等不及了！"马夫不耐烦地叫道，"敌人正在推进，我们必须在战场上迎击敌兵，有什么你就用什么吧！"

铁匠开始埋头干活，从 1 根铁条上弄下 4 个马掌，把它们砸平、整形，固定在马蹄上，然后开始钉钉子。钉了 3 个马掌后，他发现没有钉子来钉第 4 个马掌了。

"我需要一两个钉子，得需要点儿时间砸出两个。"铁匠说。

"我告诉过你等不及了！"马夫急切地说，"我听见军号了，你能不能凑合？"

"我能把马掌钉上，但是不能像其他几个那么牢实。"

"能不能挂住？"马夫问。

"应该能。"铁匠回答，"但我没把握。"

"好吧，就这样。"马夫叫道，"快点，要不然国王会怪罪到咱们俩头上的。"

两军开始交战，理查国王冲锋陷阵，鞭策士兵迎战敌人。"冲啊，冲啊！"他喊着，率领部队冲向敌阵。远远地，他看见战场另一头自己的几个士兵退却了。如果别人看见他们这样，也会后退的，所以理查策马扬鞭冲向那个缺口，召唤士兵继续战斗。

他还没走到一半，一只马掌掉了，战马跌翻在地，理查也被掀翻在地上。

理查还没来得及再抓住缰绳，惊恐的战马就跳起来逃走了。理查环顾四周，他的士兵们纷纷转身撤退，敌人的军队包围了上来。

他在空中挥舞宝剑。"马！"他喊道，"一匹马，我的国家倾覆就因为这一匹马。"

他没有了马骑，他的军队已经分崩离析，士兵们自顾不暇。不一会儿，敌军俘获了理查，战斗结束了。

从那时起，人们就说：少了一个铁钉，丢了一只马掌；少了一只马掌，丢了一匹战马；少了一匹战马，败了一场战役；败了一场战役，失了一个国家。

所有的损失都是因为少了一个马掌钉。

这个著名的传奇故事来源于已故的英国国王理查三世逊位的史实，他1485年在博斯沃思战役中被亨利·都铎伯爵，也就是后来的亨利七世国王击败。而莎士比亚的名句——"马，马，一马失社稷"使这一战役永载史册。

点评：这个故事告诉我们这样一个道理：虽然只是少了一颗钉子，却带来了巨大的危险。战场如此，设备何尝不是，况且大多数企业都是流水线大生产，稍有闪失，一个环节发生的小故障，就可能导致全流程中断。

第六节　维修五步骤

机器设备是由人设计制造的，所以故障的原因也必定可以查到。当故障和隐患出现后，要快速地找到故障根源，一般需按照以下 5 个步骤进行：

第一步：问。

当设备出现故障后，首先要做的就是向熟悉设备的操作人员多询问，了解情况。如维修电脑故障，需要了解在使用电脑的过程中有没有装过什么软件等；电脑出现状况时，周边设备有没有什么不正常的现象；电脑什么时间购买的，经常在什么地方使用；出现故障时，故障现象是什么？像以上这样的问题，维修人员要多问一些，也许在不经意间就能找到故障原因的所在，这样可以省去很多的时间，对症下药。

图1-8　问

第二步：查。

查看设备有没有明显的异常。用眼睛看、手摸、鼻闻都属于查看的范畴，好像中医的望、闻、问、切。如果能一眼看出设备的异常，就可以很快找到故障的原因。有时元器件因故障产生异味，靠嗅觉也可判断出设备故障。

图1-9　查

第三步：想。

想就是分析和判断的过程，遵循维修的原则，灵活运用维修的方法，依据维修的经验，也能对故障进行判断。

图1-10　想

第四步：做。

做是动手去排除故障。在调整或更换备件前，要做好标记；调整或更换无效后，应立即复原，以免将故障扩大或复杂化。在排除故障的过程中，需综合运用各种方法，做到心中有数。

图1-11　做

第五步：思。

当故障排除后，要对整个过程进行反思和总结，也就是本书第5章"故障十问"中的内容。图1-13为故障排除流程图。

图1-12　思

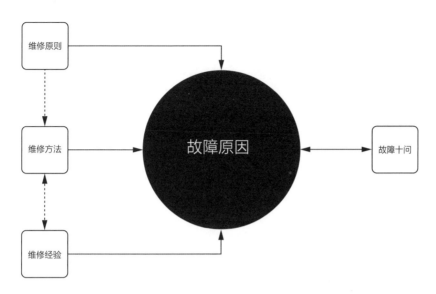

图 1-13　故障排除流程图

从第 2 章开始，我们将紧密结合现实生活和工作中的案例，分别来阐述十大维修原则、十大维修方法和十大维修经验，并有针对性地提出解决故障的十大问题。

善于解决问题的能力通常是缜密而系统化思维的产物，只要通过学习和训练，任何人都能获得这种能力。掌握了方法，就等于拿到了打开问题之门的钥匙！

第2章

维修原则

欲知平直，则必准绳；
欲知方圆，则必规矩。

——《吕氏春秋》

科学的原则是利用有逻辑性的实验方法和观察方法获得或验证而来的。近代科学在理性和客观的前提下，用知识（理论）与实验证明出原则，将原则进行归纳和系统化，便成为科学中的原则。在自然科学和社会科学研究中，任何领域都存在基本原则。

输血有输血的原则。在正常情况下，A 型血的人输 A 型血，B 型血的人输 B 型血；在紧急情况下，AB 型血的人可以接受任何血型，O 型血可以输给任何血型的人。A 型或 B 型血的人如果需要输血，血源相对其他血型来说可能会较少，因为 A 型和 B 型血的人不是万能受血者，输用其他血型的血时，极易引起不良输血反应。如果不懂得这些基本的输血原则，张冠李戴，就会酿成很大的医疗事故。

维修是一门科学，也有一套基本的原则。把握好了维修的原则，在维修的过程中就会思路清晰、有的放矢、少走弯路。本章将分十节讲解维修需要遵循的十大基本原则。

第一节　掌握原理

掌握设备原理是维修必须遵循的首要原则。

机器设备都有其设计原理和工作原理。维修人员必须熟悉其工作原理，并掌握与设备相关的理论知识，出现故障后就能快速地找到原因。

理论知识中往往包含了一般知识和专业知识。缺少了理论支撑，实践就无从谈起。理论知识与实践活动是相互依存而又相互影响的：理论知识来源于实践活动，是对实践活动的总结和升华，又反作用于实践，对实践活动进行改进。良好的理论素养，能指导实践活动有序而高效地进行。

理论知识强不见得技能水平高，而技能水平高，理论水平也会相应地提高。学习理论知识是掌握技能的基础。例如，如果没有驾驶的知识、不懂得车辆的结构和性能，驾驶技能的掌握就会受到限制。知识的多少决定着技能掌握的快慢和深浅，技能的掌握又反过来影响理论知识的学习和发展。图2-1所示为理论知识与技能的关系图。

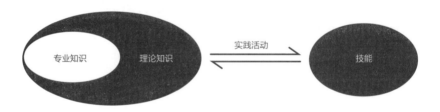

图2-1 理论知识与技能的关系

无论学习什么专业，都会有欠缺，因为没有任何专业会包含所有方面。学电子专业的人在机械方面可能比较弱，学机械专业的人在电子方面可能比较弱。从事任何一个行业，都有一个再学习的过程。例如，从事设备维修，首先要学习设备原理。一般来说，设备的操作手册和维修手册上都会有设备的原理介绍。操作手册告诉你操作方法，也告诉你原理和故障的含义；维修手册则会告诉你具体部件的调整要求和技术参数等。因此，当故障出现后，必须先掌握好原理，按标准流程维修，原理掌握得越透彻，解决故障的思路就会越清晰。

了解原理最重要

一台从德国进口的裁纸机已经使用了十多年，有一天它的切刀突然不能切纸了，维修技术人员经过分析会诊后，发现是离合器间隙增大导致传动箱蜗轮蜗杆打坏。由于操作手册和维修手册丢失，相关资料一时找不到。遇到这种情况，只能先分析其结构原理，画出原理图和结构图，确定维修方案，再动手进行修理。随后，维修人员制订了维修方案，对传动箱蜗轮蜗杆进行修复，更换了相关轴承，消除了离合器的间隙，最终达到了使用要求。

点评： 该案例是一个功能停止型故障，必须掌握其工作原理，尤其是故障部位的工作原理。维修时应分析其结构原理，画出原理图和结构图是关键。

数控车床 Y 轴进给失控

　　某大型工厂的数控车床出现了 Y 轴进给失控：除紧急停止外，点动或程序进给一旦移动起来就停不下来。维修人员根据数控系统位置控制的基本原理，推测是位置反馈信号丢失，故障应出在 X 轴的位置环上。所以，一旦数控装置给出进给量的指令位置，反馈的实际位置始终为零，位置误差始终不能消除，导致机床进给失控。维修人员随即拆下位置测量装置——脉冲编码器进行检查，发现编码器里的灯丝已断，导致无反馈输入信号。更换 Y 轴编码器后，故障排除。

　　点评： 根据数控系统的组成原理，从逻辑上分析各点的逻辑电平和特征参数，从系统各部件的工作原理着手进行分析和判断，这就要求维修人员必须对整个系统的电路原理有清楚的了解。

第二节　解析现象

　　解析现象这一原则主要适用于软故障的分析和判断，如产品质量达不到要求的故障。

故障现象是设备出现问题后的表现，是能够被人直接或间接察觉到的一切显性情况。如医生治病，首先问病人哪里不舒服、哪里痛等，设备也是一样，任何故障都有显性现象。在动手维修设备前，一定要弄清楚故障的表现形式，通过故障现象找出故障原因和故障机制。

设备故障一般按发生故障时的现象来描述，观察或测量到的故障现象可能是多方面的。例如，发动机不能启动连带的现象，可能是某一部件异常，如传动箱有异响，也可能是某一具体零件损坏，如皮带断裂、油管破裂等。因此，针对产品结构的不同层次，其故障现象有互为因果的关系。

由于故障分析的目的是采取措施、纠正故障，因此，在进行故障分析时，需要在调查设备发生的故障现象的基础上，通过分析与试验，逐步追查到组件、部件或零件的故障模式，并找出故障产生的机制。

故障现象不仅是分析故障原因的依据，也是产品开发及改进过程中进行可靠性设计的基础。在产品设计中，要对故障现象对系统功能产生的影响及后果进行危害性分析，以确定各故障的等级和危害度，提出可能的预防和改进措施。

当出现故障后，要从故障的表现形式中寻找规律。例如，机器故障是突然出现还是隔一段时间出现，故障维持的时间多长；机器多长时间出现一次产品质量缺陷，出现的数量多不多，是间歇出现还是持续出现，机器速度变化时是否出现等；某机器的连杆断裂，可以从连杆的断裂痕迹判断是突然发生的还是渐进发生的。

包装机的产品质量故障

故障现象：某台包装机出现产品质量缺陷问题。

检修过程：维修工小张接到信息后，首先对有产品质量缺陷的次品进行检查，发现每8包产品中有1包次品。小张根据这个数字规律，进而发现包装机有8个模盒，于是盘车检查8个模盒，最后发现其中1个模盒变形（如图2-2所示），更换后恢复正常。

点评：维修工小张判断问题的思路是正确的，不急于检查设备，而是寻找有缺陷产品的规律，这样就能更快地发现问题的症结。

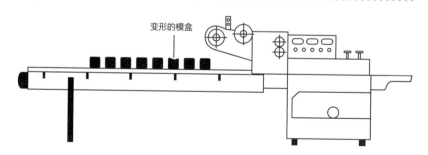

变形的模盒

图2-2　根据规律找故障

嵌入式空调漏水

故障现象： 某空调内机（嵌入机）漏水，运行灯闪烁。

检修过程： 经检查，维修工小王发现水从积水盘直接溢出，而且排水管的排水量很小，就初步判断是排水泵排水不够，更换排水泵后试机正常。

点评： 嵌入机的排水方法与分体机不一样，分体机是自然排水；而嵌入机是靠排水泵将水排出室外。若出现漏水，要重点检查排水泵工作是否正常。从故障现象"运行灯闪烁"也可以判断出是排水泵问题。当然，大部分嵌入机漏水的主要原因是安装时排水管不平，这就要求我们在维修时要认真分析原因。

重复故障找根源

故障现象： 打印机卡纸。

检修过程： 某公司配备了一台 HPLaserJet 5200L 打印机，使用过程中突然出现卡纸现象。考虑到近期多雨、空气潮湿等因素，维修人员小王怀疑是由于打印纸张受潮造成的，决定更换为未拆包的打印纸。但换纸后还是卡纸，随后小王打开打印机上盖，取出硒鼓、出纸盖等，均未发现异常。这时，电工小刘恰好路过，了解情况后将打印机重启，并按下测试打印机功能。但该打印机还是卡纸，且纸张均是向一侧倾斜。两人据此推断造成打印机卡纸的原因为进纸角度倾斜，遂打开打印机进纸组件，发现进纸器下方有一碎纸片，正是该碎纸片导致打印时纸张不能正常进纸。取出碎纸片并重启打印机，再次打印，一切正常。

点评： 小刘根据打印机多次卡纸的现象总结规律，准确判断出故障根源所在，没有盲目地拆机检查，而是根据故障现象找根源，缩小故障排查范围，迅速排除了故障。

第三节　先想后做

孔子曰："三思而后行。"这句话的意思是做事前要多思考、小心谨慎。

"三思而后行"并不是胆小怕事、瞻前顾后，而是成熟、负责的表现。做事之前先思考做了这个决定之后会有什么效果、有什么后果、正确与否。

设备维修原则之一——"先想后做"是要求我们对待设备故障

要谨慎处理、先思后行。碰到设备故障后，首先应想到的是用什么方法去解决，有什么经验值得借鉴，第一步怎么做，做了以后有什么后果，风险有多大，怎样避免风险。如果判断失误，能否恢复，第二步怎么做。其次，对于所观察到的现象，要尽可能地先查阅相关的资料，看看有无相应的技术要求、使用特点等，掌握设备原理，然后根据查阅到的资料，结合现象，再着手维修。

在分析判断的过程中，要根据自身已有的知识、经验来进行判断，对于自己不太了解或根本不了解的，一定要向有经验的同事或技术支持人员咨询，寻求帮助。

燃气不同，火苗大小也不同

小王刚装修了新房，买了一台液化气灶，发现灶的火力很小，于是打电话给生产厂家，厂家派了学徒小张前来维修。小张看了后，不管三七二十一，就将灶具拆开，反复调整风门，一番修理之后毫无效果，遂打电话向师傅请教。师傅让他看看客户用的是什么气。小张一看才发现客户用的是天然气，原来是客户买错了灶具。

点评：小张没有按先想后做的原则来判断问题，也没有考虑辅料因素（液化气和天然气属于灶具的辅料），而是直接上手拆开灶具，增加了无效劳动。

第四节　主次分明

主次分明的原则主要适用于机器的后期故障维修，也就是故障点比较多的情况。例如，在新设备调试、设备大修期间，故障比较多，在处理时需分清故障的主次。在实际的操作中，总有一种或几种因素起支配作用。因此，分析矛盾的特性、抓住事物的主要矛盾是分析现象、探索本质的重要方法。抓住主要矛盾就是抓住制约事物发展变化的关键因素，就是抓住重点，由此确定解决问题的主攻方向。

处理较为复杂的故障时，必须分清主次。设备故障的表现形式可能是多方面的，有时设备不止有一个故障现象，而有两个或两个以上。在维修过程中，要分清主要因素和次要因素，即抓主要矛盾。故障对整机的影响程度决定了故障的主次性，而主要故障不一定很难修，次要故障也不一定容易修。不管难与易，应该先判断主次，再进行维修。

主次分明赢得工作

小张去应聘汽车公司的销售顾问。考试内容非常简单，主考官要求每个应试者做一份试卷，答题时间只有 20 分钟。当试卷发下来后，很多人都愣住了。试卷上是密密麻麻的考题，而且题目涉猎广泛，在这么短的时间内是根本不可能完成的。小张不知从何下手，匆匆看了一遍试卷，发现试卷中只有最后两道题是与汽车销售有关的。于是在 20 分钟内，小张只完成了这两道题，便交了试卷。几天后，小张收到了公司的录用通知。报到那天，主考官对他说："你是所有求职者中答题最少的，但你完成了需要做的，你是一个能够分清主次、会用脑子做事情的人，所以我们选中了你。"

点评： 小张的成功在于他分清了主次，选择了最重要的题，做了最应该做的事。

列举问题，轻松调试

　　某企业买的价值几千万元的包装设备到厂后安装调试了一年，故障还是很多，生产出来的产品质量也不能满足企业的要求。厂方换了三批调试人员，还是未能完成调试任务，最后派了水平最高的调机能手黄师傅。黄师傅到了以后，不是盲目地去调整设备，而是将机器存在的问题——列举出来，再花了一天时间来分析，将主要故障和次要故障找出来，然后根据主次故障制订了整改计划，用了不到两周时间就将设备调试好了。

第五节　普通优先

普通的故障是指常见的、容易解决的故障,这种故障需要优先解决。普通优先的原则适用于故障点多的设备。当普通故障和特殊故障同时出现时,应毫不犹豫地优先解决普通故障。因为普通故障既容易发现,也容易排除,而且还能以点带面,在排除一个故障的同时,顺带排除其他故障。

清洁后排除了两个故障

公司用了几年的摄像机在放像时图像噪点严重,画面中伴有随机的水平白线条,并且同步不良。技术人员检修时,首先应排除图像噪点严重的故障,因为这是一个普通的、带共性的故障。一般这类故障是磁鼓上的视频磁头受到严重污染造成的。在清洗磁鼓之后,图像噪点少了,同时也排除了图像有随机水平白线条及同步不良的故障。

系统缺氟造成漏水

故障现象： 空调运行一段时间后漏水，蒸发器翅片有结霜或结冰现象。

原因分析： 某小区用户反映家中的空调内机漏水，维修工小张到现场后看到空调内机风轮开始吹水，拆开面板、面框后发现，蒸发器靠近输入管处有 2~3 根长 U 形管的翅片很冷，且冷凝水较多，而其他蒸发器翅片并无明显凉意。小张重新打开空调，按原来的制冷模式继续运行 20 多分钟，发现蒸发器靠近输入管附近的翅片上有轻微结霜、结冰现象，用压力表测系统压力，发现系统压力很低，得出结论是制冷系统严重缺氟。

解决措施： 检查漏点，发现连接管与低压阀体连接处偏位，导致螺母锁合位出现漏氟现象。小张重新连接并锁紧连接处，重新抽空管内空气，加制冷剂后试机正常。

第六节　先易后难

《孙子兵法》有云："兵之形避实而击虚。"这句话的意思是指用兵打仗要先打相对薄弱的敌人，积小胜为大胜，从而扭转敌我强弱的态势，掌握主动权，取得最终的胜利。

排除设备故障也是一样，要从容易的做起，在容易判断的故障都排除后，再对复杂的问题进行处理。例如，如果汽车跑偏，首先要确定轮胎的气压足不足，没问题后再进行其他的检查，而不能马上跑到修理厂进行四轮定位的排查。

判断故障的小窍门

某包装机盘车不动，维修工小王将机器的传动链脱开进行排查，耗时两小时还未找到故障原因。维修工小黄过来后，发现机器外围的一个轴套处发热严重，摸上去烫手，于是打开机器墙板检查，发现轴套里没有润滑油。该轴套没有轴承，是靠润滑油产生油膜来润滑的，没有润滑油导致温度很高。小黄检查一遍后发现油箱过滤网很脏，遂将过滤网清洁后重新加入润滑油，机器随即恢复正常。

点评：机器卡住，一般来说，发热最严重的部位就是故障所在。维修工小黄判断问题的思路符合先易后难的原则。

转一圈就找到原因

某工厂一台布带式输送机在输送原料的过程中突然跳停，监控画面显示机器各部分的功能都正常。老师傅到现场后，先将控制开关调成就地控制，还是无法启动。老师傅并没有着急去查看各个机器部件，而是顺着皮带走了一圈，发现皮带下料口积料过多，遂清洁积料后重启开关，之后输送机正常启动。

点评：老师傅经验丰富，采取先易后难的原则，迅速排除故障。

电脑主机开机报警

小李用电脑时发现电脑无法启动，且不断发出报警声音。小李认为可能是内存条坏了，就给维修电脑的朋友小王打电话，让他帮买一根内存条。小王经常维修电脑，经验丰富，就让小李拆开电脑看看内存条是否松动。小李打开电脑机箱后发现，果真是内存条松动，遂重新拔插内存条，故障解除。

点评： 出现问题后，要遵循先易后难的原则，不能一开始就把问题想得太复杂。

龙门铣机床故障

故障现象： 该龙门铣机床是从国外引进的，在换刀时主轴不能正确定位。主轴在 M19 指令下定位失灵，没有报警告示，且旋转不停。

故障维修： 从现象上看，负责主轴定位的编码器零位消失，使主轴找不到准确位置而旋转不停，存在以下几种可能。

1. 编码器问题。

2. 编码器输入、输出接口和线问题。

3. 编码器输入、输出电路板问题。

4. 编码器与主轴传动链的联轴器问题。

经检查，编码器的输入、输出电线正常。拆下编码器检查联轴器，发现没有损坏，即主轴与编码器传动链还存在。打开编码器，经观察，电脑内部有少量油浸入。清洁干净后重新装上，主轴在M19指令下旋转不停的现象消失，但定位角度仍不准确。经仔细分析，发现主轴由0°转到45°，再同向由45°转到90°的过程中，基准没有误差，而从90°反向转到45°时就存在误差。经反复试验，确定这种误差属于常量，说明编码器没有问题。

反向间隙造成定位角度不准，从机械角度来讲，存在两种可能：

1.主轴与编码器的传动轴相连的1:1传动齿轮由于磨损存在间隙。

2.编码器与传动轴之间的联轴器在连接中存在间隙。

由于齿轮间隙不可能这么大，所以可能是联轴器的连接有问题。拆下联轴器仔细检查，发现传动轴与联轴器的内孔、编码器与联轴器内孔相连的键槽存在0.2~0.4mm松动现象。经测算，偏差角φ由联轴器与轴以及联轴器与编码器的配合间隙叠加组成，角度为3.44°。由于主轴与编码器之间的传动链误差存在，使得主轴与编码器之间的误差为0.22°。由于重新配键有困难，就在联轴器与编码器和传动轴相连的部分各加一只M8内六角螺栓锁死，重新启动M19指令，主轴定位准确，故障排除。

点评： 造成故障的原因很多，必须仔细分析故障现象，列出可能造成故障的原因，先易后难，逐项排除，最后找出故障原因并修复。

第七节　先外后内

"外"是指机器外部所能看到的各种零部件，如各种开关、执行件、检测元件、按钮、插口及指示灯等。"内"是指隐藏在机器内部的各种零件和系统，包括传动系统、润滑系统、电路板及各种连接导线等。由于外部直观且出问题的概率比内部大，不同的外部表现可能反映出相应的内部系统故障，因此判断故障时应坚持先外后内的原则，尽量避免不必要的拆卸。

设备外围故障可以直接观察到，维修时应首先对外部进行检查，再对设备内部进行检查，顺序不能错。先外后内是一条非常实用的原则。

想错就输了

某行业进行职业技能比赛，故障排除环节只有 30 分钟，故障部位在设备外部。参赛选手甲在排除故障时，直接把机器的箱盖打开，准备对机器内部的传动部位进行调整。从他打开机器箱盖的那一刻起，他就因为违背了先外后内的维修原则，输掉了这场比赛。因为故障部位在设备外部，打开箱盖，半小时内肯定排除不了故障。最终，选手甲惨遭淘汰。

看外观发现问题所在

某厂使用热风管道将水泥窑内热量回收，用于成品烘干。使用了快一年后，发现管道热能损耗过大，热量回收效率较以前降低了20%。由于管道太长，维修人员小张用了一上午的时间来回观察管道的外观，发现多处管道膨胀节被烧得通红，而且有几处出现破损现象。小张更换了有问题的膨胀节后，热能损耗大大减少，回收率也恢复了。

第八节　先机后电

机电一体化是机械、微电子、计算机、检测技术和信息处理等学科的交叉融合，也可大致划分为机械系统和电气系统两大类。机电一体化的设备如汽车、火车、飞机、轮船、电脑、电视、空调、微波炉、手机等，它们的基础是机械系统，电气系统主要用来驱动、控制、检测。机械和电气在功能上相互配合，是一个整体的两个部分。当机械部件出现磨损时，会影响电气系统，导致许多电气部件不起作用。

第一步　排除机械方面故障

第二步　排除电气方面故障

图2-3　先机后电

电气系统出现的故障大部分是停止型故障，有时并不全是电气本身的问题，有可能是机械部件发生故障所造成的。机械故障比较直观，如果能直接判断出是电气故障，应该直接对电气故障进行排除；如果不能判断故障原因，应该优先排除机械方面存在的问题，再排除电气部分的故障，如图 2-3 所示。

清除铁屑就好了

故障现象： 某型号磨床在早上开机时，按手动按钮后，传动带不移动，而且数控系统上没有故障显示。

检修过程： 维修人员小李根据机床的电气原理图，检查了机床的传送带移动按钮、电路系统以及电动机的电源供电端子，发现都没有问题。最后小李手动盘动输送带，发现输送带非常沉、盘转不动，就将机械装置拆卸检查，发现是传送带被砂轮屑卡住。

故障处理： 将砂轮屑清除后恢复正常。

点评： 维修人员小李违背了先机后电的原则，导致在维修过程中走了很多弯路。如果一开始便检查机械装置部分，便能更早发现问题。

清理柱磨机内过多内料

　　某厂柱磨机突然跳停，维修人员小林到现场后先将启动控制开关切换到就地挡重启，发现仍然不能启动。随后小林打开了柱磨机检修口，发现机内的内料爆满，将内料清出后，柱磨机恢复正常。事后，小林调出事发前的数据，查清是下料量突然增大、柱磨机滚轮瞬间被抱死导致电机负载过大，电机因过流而跳停。

　　点评： 机械故障相对简单，清理一下就能排除故障；电路系统故障相对复杂，维修人员在遇到故障时，要遵循先机后电的原则。

第九节　软件先行

　　当硬件故障和软件故障难以判别时，应优先排除软件故障。在进行硬件故障维修时，容易造成硬件损伤，而软件发生故障时，系统一般都会给出错误提示。因此，仔细阅读并根据提示来排除软件故障常常可以事半功倍。

计算机使用最频繁的就是应用软件，应用软件也是使用工具软件制作出来的。在人为制作的过程中，难免出现这样、那样的漏洞。比如玩游戏时，在进入和退出环节，很容易出现死机，因为游戏本身是使用调用内存的方式运行的。在调用的时候，可能会因为运算错误或者程序本身编写错误而死机。出现这样的情况，需要重新安装软件或者安装相应的软件补丁来解决问题。

校正程序启动风机

因某设备出现故障，某钢铁厂被迫停产。检修人员发现主抽风机不能远程启动。由于该风机是正常运行后停止的，于是检修人员将启动控制开关切换到就地挡重启，发现从现场就地可以启动风机。根据就地能启动而远程不能启动，可以判断是电气原因。于是，检修人员开始检查 PLC 程序，发现是启动条件未满足，遂重新校正程序，之后风机远程正常启动。

点评： 先判断是电气原因，再确认是 PLC 程序故障，过程十分合理。

Wi-Fi 的故障

小王买了一台新电脑，安装好了无线网络。刚开始时，电脑运行正常，但后来网络一直不好，时断时续。小王将电脑的设置进行修改，还是不行。他又怀疑是新买的路由器坏了，去买了一台新的路由器，但还是不见效。最后，小王只好把单位的电脑高手小张请过来。小张检查了一遍后发现在小王使用的无线网络中，有两个同名的 Wi-Fi 网络。通过更改名称，把网络安全设置好后，网络恢复正常。

点评： 如果开始能上网，不要先去怀疑硬件的故障，应该先找找软件的原因。

第十节　维保结合

机器设备正常使用的前提是设备的日常维护和保养要正确与及时。任何机器设备都有其维护和保养的要求，正确、及时的维护和保养有利于保证机器时刻处于最佳状态、保持最高效率，并延长机器的使用寿命。而错误、不及时的维护和保养会缩短机器的使用寿命，甚至损坏机器。如皮带辊上的灰垢积多了就会造成皮带辊直径发生变化，导致皮带跑偏。

分体式空调在运行时，由于内部静电的吸附作用，加上气流一直在室内循环流动，环境中的浮尘、烟气、体味以及碱、氨、病毒、细菌等外来物会被吸附在蒸发器及热交换系统表面，使之成为细菌的聚集地。空调启动时，会向狭小的室内空间蒸发氨、烟、碱等有害物质及病菌，危害人体的健康。同时，由于空调中蒸发器的翅片经常处于潮湿状态，容易滋生有害物质、堆积污垢、堵塞排水管及蒸发器翅片，致使房间空气质量差、空调耗电量增加、故障率增高。为了保证房间有良好的空气质量，空调应当每年定期清洗、保养 1~2 次。

打印机的不少故障都是由于灰尘、油垢或水汽等引起。首先应将机械系统、打印头表面等有关电路部件清洁干净，排除由于污染引起的故障后，再动手进行检测。

机器设备的操作手册上都有关于维护、保养的要求。在设备出现故障后，首先要确定是否按操作手册上的要求进行了维护、保养。据报道，德国有一家公司在 20 世纪 80 年代从我国引进了一台铣床，因严格按照规定进行维护和保养，机器运行了 30 多年还依然功能如新。

有些维修人员认为维护、保养是操作工的事，其实维修人员更要知道哪些部位需要维护、哪些部位需要保养，需要如何维护、如何保养。对于故障排除来说，维护和保养是基础，大部分故障是保养不到位造成的。

图2-4　维保结合

清洁保养就把故障排除

故障现象：打印机不进纸，并显示缺纸。

故障分析：首先检查打印机内是否有纸，纸张是否过少；然后拆机检查，发现是送纸传感器太脏被纸屑卡住。清洁送纸传感器并清除纸屑后，打印机正常工作。

点评：该案例遵循了维保结合的原则。

空调外机过滤器脏堵

故障现象： 空调不制冷，室外机启动频繁。

故障分析： 维修人员上门维修，初步判断故障原因为制冷系统故障。维修人员用压力表测试低压侧压力：停机时平衡压力为 1.1MPa，启动后逐渐降到 0.1Mpa，到停机后逐渐返回平衡压力。外机运行时，从过滤器到毛细管，再到高压管，全部结霜，由此可以断定为过滤器脏堵。

解决措施： 更换新过滤器后，试机一切正常。

点评： 对于空调外机启动频繁的故障，首先确认是电路故障或制冷系统故障。一般过滤器堵会出现以下现象：毛细管出口结霜、蒸发器局部结霜、低压压力低于正常压力、高压压力低于正常压力、停机平衡压力接近环境温度下的饱和压力、压缩机排气温度及机壳温度升高。遇到电流偏大的跳停现象不一定就是压缩机故障，要综合考虑故障现象。在进行一般的空调维修时，要检查电流及压力，电流大、压力低会使系统堵；要着重检查过滤器及毛细管。

第 3 章

维修方法

比起任何特殊的科学理论来，
对人类的价值观影响更大的
恐怕是科学的方法。

——斯蒂芬·F.梅森

方法论是人们认识世界、改造世界的根本方法，是人们观察事物和处理问题的方式。概括地说，方法论主要解决"怎么办"的问题。原则是说话或行事的依据和标准，方法是为达到某种目的而采取的途径、步骤和手段等。一个训练有素的高手，面对困难的时候，不是逃避和灰心，而是能够迅速地找到正确的方法。在解决问题时，要讲原则更要讲方法，在坚守原则的前提下掌握各种方法。

阿基米德有一句名言："给我一个支点，我能撬起地球。"说的是掌握杠杆原理后，人可以通过使用杠杆，做自身体力无法做到的事情。中国武术里有"四两拨千斤"的说法，也是指掌握方法，熟练技巧，巧妙借力，身材瘦小的武术高手也可以轻松击倒只有蛮力的壮汉。

解决设备故障时，通过灵活运用某些方法来排除故障，可以达到事半功倍的效果。设备出现故障，外行看起来是一团乱麻、无从下手，但维修高手会充分运用其丰富的实践经验和多种维修方法，将貌似复杂的故障迎刃而解。譬如灯泡不亮，当你换一个好的灯泡时，其实就用到了排除法，以此排除灯泡是否坏掉；当你去看看别的房间灯泡亮不亮时，就用到了对比法；当你说灯泡不亮，90% 是灯泡坏了时，用的是分析法；当你看到灯泡黑了，用的是观察法。但灯泡不亮，首先用排除法去换灯泡，而不是去看其他房间有没有电，就违背了先易后难的原则。其实，在解决故障的过程中，只要能依据各种维修的原则，熟练地运用多种方法，就能很好地解决问题。

维修就如同中医看病，经过"望、闻、问、切"，医术高明者立马能找到病根，药到病除。"望、闻、问、切"是中医学经过几千年实践和积累总结的一套方法。专业的维修师傅要修炼至"手到病除"的维修境界，需要在维修方法上下一番苦功夫。

维修的方法有多种，本章我们将探讨维修中常用的 10 种方法。

第一节　观察法

观察是解决一切问题的前提条件，仔细观察对解决问题有着十分重要的作用。观察可以加深对问题的理解，从而很好地提高分析和解决问题的能力。

观察法是用自己的感官或采用辅助工具去直接或间接观察被研究对象，从而获得自己所需信息的一种方法。观察一般是利用感觉器官去感知观察对象，如看紧固件有无松动、仪器仪表的电流是否有异常变化、设备外观有无明显变化、皮带等有无裂纹、焊件焊口有无开裂、气动系统压力是否异常、指示灯显示是否异常，以及一切与正常情况不相吻合的现象。

观察还可借助耳听和鼻闻，如有无异常声音、有无漏气现象、有无异常的摩擦声和跳动声、有无焦煳味和废油味等。观察也可以是用手触摸，如触摸运动部件、线圈温度等，另外还可触摸感受有无明显的跳动感、震动感、摩擦感等。

另外，由于人的感觉器官具有一定的局限性，还可以借助各种现代化的仪器和手段来观察，如用全息照相机、电子显微镜、高速摄影机等来进行辅助观察。图3-1为观察法示意图。

图3-1 观察法

洗衣机故障

洗衣机不能正常进水、电机不运转，而且出故障前有一股烧焦的味道。维修工小李打开洗衣机后盖，仔细观察洗衣机内部各部位，发现电机线圈明显有烧焦的现象，用万用表检查发现有一组线圈电阻无穷大，判断该组线圈已经烧断。更换新的电机线圈后，洗衣机正常运转，故障排除。

点评：观察到烧焦的现象是解决问题的关键，可以直观地判断，再依次检查。

空调温度传感器故障

故障现象： 空调制热效果差，风速始终很低。

原因分析： 维修人员上门检查，开机制热后发现风速很低，出风口很热，遂转换模式。发现在制冷和送风模式下风速可高、低调整，高、低风速明显，以此可证明风扇电机正常，得出结论是室内温度传感器特性改变。

解决措施： 更换室内温度传感器后，试机一切正常。

点评： 空调制热时，由于有防冷风功能，室内温度传感器的室内换热器达到25℃以上时，内风机以微风工作，温度达到38℃以上时，以设定风速工作。出现以上故障，首先通过观察发现风速低，且出风口温度高，故检查风机是否正常。当判定风速正常后，分析可能是传感器检测温度不正确，造成室内风机不能以设定风速运转，故需更换传感器。

第二节　追问法

运用追问法能找到问题的根本原因，而且可以避免问题再次出现。

出现故障后，要在心中反复思考"为什么会这样"，从第一个"为什么"开始，一直反复追问下去，顺藤摸瓜，直到找到问题根源。该方法对彻底地解决问题、排除问题尤为重要。图3-2为追问法示意图。

图3-2　追问法

皮带为何常跑偏

某公司某台机器的皮带经常跑偏，那就沿着这条线索进行一系列的追问：

1.为什么皮带会跑偏？因为皮带轮有跳动。

2.为什么皮带轮会跳动？因为皮带轮轴承有间隙。

3.为什么皮带轮轴承会有间隙？因为轴承磨损。

4.为什么轴承会磨损？因为未及时润滑。

5.为什么未及时润滑？因为未制订润滑计划。

点评： 当问题解决后，有时并未找到根本的原因。正如上面这个例子，如果更换了轴承，问题可以得到暂时解决。但是如果不追问下去，还会出现同样的问题。

追根溯源找原因

某公司的某台机器突然停了，可以进行一系列的追问。

1.机器为什么不转了？因为负荷太重。

2.为什么会负荷太重？因为某一根轴上的轴承不转了。

3.为什么轴承不转了？因为轴承枯涩不够润滑。

4.为什么轴承枯涩不够润滑？因为油泵吸不上来润滑油。

5.为什么油泵吸不上来润滑油？因为油泵产生了严重磨损。

6.为什么油泵会产生严重磨损？因为油泵未装过滤器而使铁屑混入。

风机频繁跳机

　　某公司球团生产线安装了两台多管除尘器，投产一年后，其中一台除尘器引风机的驱动电机因振动大，连续发生跳机事故。为了满足生产需求，只能调整跳机值以维持生产。公司领导按照工作习惯，召集相关点检人员、维修人员及操作人员进行头脑风暴，最终找到了一系列的故障因素：跳机是因为电机振动大，电机振动大可能是因电机轴承间隙大，电机轴承间隙大可能是因风机振动大，风机振动大可能是因风机叶轮磨损大，风机叶轮磨损大可能是因热风管道粉尘含量大，粉尘含量大可能是因除尘器除尘效果不好，除尘器除尘效果不好可能是因除尘器内部损坏。

　　在接下来的计划检修间隙，设备人员按计划对电机、风机、除尘器进行了排查，发现风机叶轮磨损严重，且机壳下部有积料；再对多管除尘器内部进行检查，发现进气室两排旋风子被粉尘长期冲刷磨穿，含尘气体未经净化直接进入引风机中造成叶轮磨损加剧。

点评：该电机频繁跳机后，维修人员没有立即更换新电机，而是分析跳机的原因，合理运用追问法，顺藤摸瓜，找出事故的根源，彻底消除事故隐患。否则重新更换一台新电机及风机，风机叶轮很快又将被含尘气体冲刷磨损、失去平衡，最终会导致电机振动值再次超标。

第三节　分析法

在工作或生活中，我们经常会遇到一些事情、一些难题，分析能力较差的人，往往思来想去都不得其解、束手无策；反之，分析能力强的人往往能应付自如，将一个看似复杂的问题，经过分析后变得简单。人的分析能力是先天的，但后天的训练可以在很大程度上提高人的分析能力。

任何故障的发生都有自己的原因和结果。无论我们从结果来找原因，还是从原因推导结果，都是要找出事物产生和发展的来龙去脉和规律。其基本思路是由未知探索须知，逐步推向已知。分析法是"由果索因"，逆向推导故障结果成立需要具备的充分条件，由简到难、由易到繁、由表及里地逐一分析，排除不可能的和非主要的故障原因，并找出设备的薄弱环节、故障概率较高的原因。

分析的过程可分三步进行：

第一步：从故障的症状入手，采用集思广益的方法推理出所有可能导致故障的原因。

第二步：找到故障的本质原因，推理出可能导致故障的常见原因，从常见原因里，推理出真实原因。

第三步：逐级进行故障推理，画出故障分析方框图。

采用分析法要综合设备已有的信息和常识进行分析。分析的技术有很多，如振动诊断分析技术、声发射诊断分析技术、无损诊断分析技术、红外诊断技术、逻辑诊断技术、故障树分析技术、油液分析诊断技术、大数据分析技术等。图 3-3 为分析法示意图。

图 3-3　分析法

手推车最容易坏的部位分析

超市手推车大家都见过，由 4 个轮子、几个支架、篮筐组成，当使用时间过长后，手推车会出现推不动、轮子不灵活的现象。为什么会出现这样的现象呢？轮子要转动，必须配备轴承，而轴承有一定的使用年限，当轴承装配不好或轴承进灰后，轮子就容易损坏，更换轴承后轮子就灵活了。

点评：应用分析法来分析，当设备出现故障后，首先应该怀疑的是易损件部位，其次应该怀疑动作最频繁的部位。

电视机无声音、无图像的故障

电视机出现无图像、无声音的故障，小王分析这种情况应该是公共电源电路有问题。他用万用表测量开关电源，发现没有电压，但是在开机瞬间，电源电路输出的 134V 直流电压正常，可以肯定是电源电路的保护电路起作用了，导致没有电压输出。断开负载电路，重新开机，发现电源输出电压正常，因此可以排除是电源电路的问题。分析应该是负载电路有短路现象，导致电源的保护电路起保护作用而没有电源输出。测量负载电阻，发现负载电阻为 0Ω，这说明存在短路现象。小王遂逐级检查，发现输出行管有两极被击穿，导致短路。原因找到后，小王更换了同型号的行管，再把负载电路连上，开机正常。

点评：出现问题后，根据故障现象一步一步进行分析判断，最终找到根本原因。

第四节 经验法

经验法适用于有经验可循的故障。经验可以从自己的生活实践中获取，也可以是从别人那里学习。经验能帮助我们一眼看出问题的重点和难点，也能帮助我们对事物的发展进行预计与判断。技能让我们知道怎么做，而经验让我们知道为什么要这么做。有经验的人往往在复杂、困难的情况下能快速抓住问题的关键，能先于他人识别机会和风险，并采取行动把握先机、防范风险。

维修经验是在解决实际故障时所积累的知识，汲取别人的经验教训也能使我们在判断和解决故障时少走弯路。有时，经验法不适合解决复杂的故障，因为没有完全一模一样的故障，也没有完全一模一样的故障原因，因此经验只能作为解决问题的参考依据。但善于吸取别人的经验为自己所用、借助他人的智慧和力量解决问题，将会事半功倍。

电风扇的维修

对电机尚能转动的电风扇进行维修，应根据实际情况凭经验一步到位，而不是按部就班地进行维修。电风扇先慢慢转，然后渐渐变快。根据经验，一般是电机轻微抱轴，原因是电风扇润滑油初期缺失。直接拆开电风扇电机，在前后轴套的油毡上加足缝纫机机油，一般即可修复。

如果电风扇一开始能慢慢转，一段时间后渐渐变快，而现在只能微微转动了，说明电机中有干涸的润滑油残渣，阻碍着电机的转动，导致严重抱轴。这时候可直接拆开电机，先清除前后轴套和电机轴上的油污和锈迹，然后在前后轴套的油毡上加足缝纫机机油，大部分电风扇都能恢复正常。

如果电风扇快挡像慢挡，只能慢慢地转，则有可能是电风扇的启动电容容量变小，直接更换电容即可让电风扇恢复正常。

点评： 在生活中，要善于借助别人的经验。如维修电风扇，借助老师傅的经验很快就能判断出故障原因，少走弯路。

电饭煲维修

从城镇到农村，电饭煲的身影随处可见，其本身的故障经常困扰很多家庭，最常见的一个故障就是敏感热电阻的损坏。一般来说，有经验的维修人员遇到电饭煲故障，在确认电源没问题后首先会检查敏感热电阻是否损坏。如损坏，重新更换一只新的敏感热电阻就能很快修复。

球团环冷机台车漏料现象

某冶金公司建有球团生产线，投产初期环冷机台车漏料严重，特别是环 1 段、环 2 段漏下的红球温度高，导致工人用散料收集小车转运球团的劳动强度大、环境恶劣。在每次检修的过程中，均对台车轴端曲柄机构进行调整，在保证相邻台车间隙的同时，尽量将台车调至水平状态。原先调整时无支撑点，每次都是用手拉葫芦内侧台车轮，以达到调整曲轴偏心度的目的。在后面连续三次月度计划检修期间，维修人员对台车进行了调整。根据调整经验，维修人员在内侧支柱上增加了多处支撑点，改用千斤顶顶曲轴，方便调整。一年后，维修人员又在台车前端增加了延长板，漏料现象得到了彻底治理。

第五节 对比法

对比法是维修中用得比较普遍的方法，适用于多台同类型设备或一台设备多个相同部件的维修。对比法就是将相同的、相似的或相关联的设备进行对照，找出差别。这种方法可以帮助我们解决难以确定的问题，给我们的判断提供较有说服力的证据，也可以帮助我们较快地比对出一些隐性的和模棱两可的问题。对比法简单易行，其局限之处是要有可参照的设备或部件。如有一台包装机设备，积胶严重，而另外的相同设备不积胶，这时可以分析胶点位置，看有无异常。

对比其他设备的灯是否亮

某厂的包装机薄膜纸在输送时不顺畅，维修人员张师傅检查、调整都无效，后检测静电消除器，发现静电消除器未亮灯。张师傅对比其他设备的静电消除器，发现灯都是亮的，分析是由于这台机器的静电消除器未开启导致的故障。静电消除器用于将薄膜的静电消除，如果薄膜带的静电较多，将被吸附在输送壁上，在输送时受到较大阻力。张师傅遂打开静电消除器，故障排除。

环形穿梭车行走故障，对比正常车的指示灯

　　用于辅料入库的环形穿梭车在转弯的时候停车，故障灯闪烁，在人工手动遥控出弯道后，可以正常运行。这种故障有可能是由内弯检测器故障引起的，也可能是由弯道颜色传感器故障引起的，但由于检测器和传感器数量多，无法准确判断是哪一个有问题。维修人员将另外一台正常环形穿梭车开到同一位置，仔细对比各检测指示灯的变化情况，发现内弯检测器的一个指示灯变化情况不同：正常的环形穿梭车是红灯变成蓝灯，但故障环形穿梭车的检测指示灯没有变化。怀疑该检测器损坏，更换检测器后环形穿梭车正常。

印刷机套印不准的解决方法

　　故障现象： 一台四色胶印机在印刷轻涂纸时，印刷品朝外一面

每间隔一张就有规律地出现严重套印不准现象。从印刷次品可以看出是第一色黑版与后三色青、品红、黄套印不准。而青、品红、黄三色规矩套印准确，并且印刷次品的上下规矩准确。由此可见，问题出在第一、第二色组的双倍径滚筒中的一组牙排上。

故障分析：维修人员小李停机检查，把双倍径滚筒的两组牙排逐个清洗，给油眼加油，然后用抹布擦干油渍再印，故障仍存在，但没有原来严重。之后，小李用纸张蘸少许品红墨涂在双倍径滚筒的一组牙排的牙片内侧（3~4个），再印几张对比检查，发现叼口位置品红墨印迹深的样张套印是准的，叼口位置品红墨印迹浅的样张朝外一侧套印不准。显然，没有做过记号的一组牙排上有个别牙片存在问题。

解决措施：小李在没有做过记号的这排牙片的朝外一侧塞进 0.25mm 的钢片，用 30g/m^2 的拷贝纸条放在 11 只牙片上，逐个测试检查，发现朝外一侧前 2 只牙片开口太小（即我们平常说的叼力太大）。小李以靠近身边的牙片叼力为基准，把 2 只牙片叼力调至与其他 9 只牙片基本一致，然后在靠箱体处抽出 0.1mm 钢片，再检查每只牙片的叼力，最后，抽出靠箱体处 0.25mm 的钢片，擦去牙片上的品红墨，开机试印，套印正常。

点评：用纸张蘸少许品红墨涂在双倍径滚筒的一组牙排的牙片内侧（3~4个），再印几张，对比检查，是解决问题的关键。

皮带机驱动系统故障

某港口集团拥有卸船机、斗轮堆取料机、装船机、皮带机等设备，其中主皮带机采用两台高压电机同时驱动，分别为头部驱动、中部驱动。投产初期，该条主皮带机的各驱动电机电流基本平衡。半年后的一天，主控人员发现这两台高压电机电流不平衡：头部驱动电机电流为 6.9A，中部驱动电机电流为 19.3A（两台电机相同，额定电流均为 23.6A）。

通过对比，结合以前运行实际工况，很明显可知是头部驱动电机出力不足。考虑现场实际驱动配置，推测头部驱动装置液力偶合器存在故障。经停机检查，发现该限矩型液力偶合器充油量不足，补充油脂后，再次启动设备，两台电机电流分别为 12.2A、12.3A，基本平衡。

点评：通过对一台设备上的两个装置进行对比，可以很直观地发现设备隐患及故障。因此，设备在日常的维护和保养过程中，要经常运用对比法。

第六节 排除法

排除法是排除故障常用的方法之一，也是一种选择性技巧。运用排除思维，缩小故障范围，可以少走冤枉路，在"必然性"中更快地找到所要的答案。如电液比例阀不正常工作，原因有控制信号故障或者其本身故障，如果查明控制信号正常，则说明是比例阀本身出现了故障。图 3-4 为排除法示意图，意思为可先排除不是 A 部分故障，再核查 B 部分的故障。

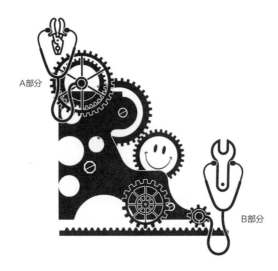

图 3-4　排除法

运用排除法维修电脑开机故障

　　小王家里的电脑出现有时候能正常开机、有时候不能开机的故障。他用排除法，第一步怀疑是电源插头、CPU 插座有接触不良的现象，于是重新拔插电源插座、重新安装 CPU，电脑仍然不能开机，基本上可以排除电源插座和 CPU 插座接触不良的原因。第二步小王怀疑电脑电源有质量问题，就找到一个完好的电脑电源换上，电脑能正常开机，但是第二天又出现开机故障。因此，小王排除了故障出在电源上的可能。第三步小王怀疑是电脑主板的问题，就拆下主板，仔细查看主板电子元件，发现 CPU 供电电路上的电容有明显的爆浆现象，从这一现象可以肯定是电容损坏导致 CPU 供电不正常从而不能开机。小王更换电容后，电脑能正常运转，再也没有出现过开机故障。

　　点评： 小王在维修过程中运用了排除法，排除了电源插头和 CPU 插座接触不良的问题以及电源的问题，缩小了故障范围，最终找到电容损坏的故障原因。

运用排除法解决拉边机停止不转的故障

　　某玻璃厂的拉边机出现故障，停止转动。维修人员李师傅先摘掉皮带，去掉负荷，然后开动电机。如果电机没问题，说明拉边机杆存在问题；如果还是停止转动，再摘掉减速器。如果电机转动，说明减速机有问题；如果不转，说明电机存在问题，结果机器还是不转。李师傅确认是电机出现问题，维修电机后，设备正常，故障排除。

　　点评： 李师傅在解决拉边机停止不转的故障时，运用排除法，卸除负载，排除了拉边机杆和减速器的原因，最终确定是电机出现了问题。

传真机听不到传真发送信号

　　故障现象： 传真机发送传真件时，对方听不到传真发送信号，接收时机器不启动。

　　分析与检修： 根据故障现象，维修人员张师傅首先开启传真机自检程序。按下"FINE"键约5秒后，机器发出5次声响，同时按下"START"键，机器不自检，故障依旧。由于手头无现成的图纸资料，张师傅分别进行以下三个步骤。

1. 检查机内各元器件，看有无过热、冒烟、烧坏现象。

2. 检查机内直流电源输出是否正常。

3. 仔细检查，发现该线路板焊接头装配质量较好，无烧坏现象。检查机内电源工作状态时，根据经验，由已知元器件的供电要求推算各个电源的正常电压。经测试，张师傅发现主板供电电压有 ±5V、±24V、−12V，无 +12V。断电后，测量传真机主板 +12V 电压对地直流电阻为 90Ω，显然不是因短路所致。随后张师傅拆开机盖，直接测量开关电源的直流电压输出，仍无 +12V 电压输出。用万用表逐一检查发现，在 +12V 直流输出回路上，滤波电容 C24(标准值为 2200μF/16V) 的正极焊脚处的印刷电路板铜箔断裂，导致开路而无输出。发现问题后，张师傅先焊下滤波电容 C24，使铜箔紧贴于印刷电路板上，然后用导线将断开的印刷电路板铜箔与电容引脚焊牢。重新装机后，传真机正常，故障排除。

点评： 解决该问题运用了三个方法——检查机内各元器件，看有无过热、冒烟、烧坏现象，采用的是观察法；由已知元器件的供电要求推算各个电源的正常电压，采用的是经验法；用万用表逐一检查发现，采用的是排除法。

第七节　替换法

替换法是用好的备件去代替可能损坏的零件，以将故障逐一排除的一种维修方法。在备件条件允许的情况下，运用替换法解决设备故障往往能够迅速找到原因。备件可以是同型号的，也可以是不同型号的。出现故障后，如果对某个部件或哪一个系统有怀疑，更换一个质量好的部件或某一个正常的系统，观察故障是否排除，即可确认是否是该部件或系统出了问题。如遇到电容漏电故障，有时很难判断被测电容是否存在轻微的漏电，此时可采用一只正常的电容并联在该电容两端，如故障好转，则原电容存在漏电故障。替换前，需确认备件是否合格，以免误导对故障的判断。

随着现代技术的发展，电路的集成规模越来越大，技术越来越尖端，系统也越来越复杂，按常规方法，很难把故障定位到一个很小的区域。而一旦发生故障，为了缩短停机时间，在没有诊断备件的情况下，可以用相同或相容的模块对故障模块进行替换检查。越来越多的现代数控设备维修采用这种方法进行诊断，然后用备件替换损坏模块，使系统尽快正常工作。

数控球道磨床找不到参考点

故障现象： 西门子 3M 系统在返回参考点时，X 轴找不到参考点，最后出现 X 轴超限位报警。

故障分析与检查： 本着先外围、后内部的原则，首先检查 X 轴的零点开关，观察故障现象。X 轴压上零点开关后，能正常减速，说明零点开关没有问题。然后根据先简单、后复杂的原则，检查 NC 系统的位控测量板。因为反馈元件采用的是光栅尺，所以位控测量板上的 X 轴、Y 轴各加了一块 EXE 处理板。采用互换法将 X 轴与 Y 轴的 EXE 板互换，重新开机测试，发现 X 轴返回参考点正常，Y 轴却找不到参考点了，故障现象与互换前的 X 轴相同，从而可以确认 EXE 板有问题。

故障处理： 更换 EXE 板，故障消失。

点评： 在排除故障的过程中，坚持了先外后内和先易后难两个原则，通过替换法，顺利地将故障排除。

液压系统回油过滤器堵塞

某水泥厂设有回转窑一台，驱动减速机附有稀油润滑系统，某天发生油站压力急剧上升跳停事故。维修人员考虑到该油站润滑油使用时间长，系统内部可能存在杂质，将回油控制阀拧至备用过滤器状态，系统恢复正常。

点评： 该维修人员通过长期的工作经验积累，快速判断该故障可能是回油过滤器堵塞所导致，并将回油控制阀转至备用回路上，系统随即恢复正常。此过程应用的是替换法。

如今的电气设备、机械设备等大量采用集成化、模块化设计，通过替换法能够快速查明原因，迅速排除故障。特别是对于一些大型流水线，当设备发生故障时，要多应用替换法减少故障修复时间，确保生产线尽快恢复。

第八节　假设法

假设法一直是科学研究中的重要方法，是一种创造性的思维活动，集假设、推理于一体，大量应用于数学、物理学等自然科学研究中。当故障出现后，假设故障原因是某个部位，依次推理，进行判断。例如，假设设备的某个部位坏了并进行更换，如果故障未因此排除，则说明故障不在此。

在有些情况下，只能对考察对象的状况做出某种假设，再通过适当的方式对假设进行验证，以确定其是否成立。因此，假设时应尽可能将思路展开一些，不忽略或遗漏问题的任何可能性。验证则要找出有充分说服力的证据，不能模棱两可。分析现场故障，从故障的现象出发，假设故障的各种可能原因，再一一严格验证是否成立。

分析人员必须具备足够的专业知识，掌握正常与非正常的判别标准，通过判断与推理等逻辑思维过程，找出系统中与故障相关的各部分的相互关系，从而确定引起故障的原因。假设不是凭空妄想，而是要把对象的故障规律、故障历史、故障现象、故障因果、关系图表、故障树作为依据，由易到难、由表及里进行。

环形穿梭车频繁报故障

环形穿梭车在运行的时候，频繁报故障，而且每次报故障时，计算机显示的故障都不一样，有时候显示为颜色故障，有时候显示为变频器故障。维修人员小王考虑到颜色传感器与变频器有一定的关联，怀疑问题出在变频器上。但是变频器故障有可能是因为元件出了问题，也有可能是因为变频器参数丢失。小王首先假设是变频器参数丢失，因为如果是参数丢失，排除故障比较容易，只需重新上传参数。之后，小王从另外一台正常的变频器上下载参数，上传到故障车的变频器上，故障仍然存在。所以问题有可能出在变频器元件上，小王更换变频器。重新上传参数后，设备运行正常，问题解决。

点评：先假设是变频器参数丢失，因为如果是参数丢失，排除故障相对容易，这种假设符合先易后难的原则。

润磨机液压系统压力高

某公司新安装了一台 3562 润磨机。该润磨机配有一套高低压站，但在调试过程中，液压系统压力高，频繁跳机。经查阅系统相关原理图等资料，分析产生故障的原因有溢流阀损坏、管路堵塞、管路中的油温低、轴瓦处油嘴堵塞等。考虑现场实际工艺布置及故障排除难易程度，维修人员小李先假设故障出在高低压站本体上，对溢流阀进行了压力调整，显示溢流阀完好；再将回油过滤器转到 2 工位（均是新的滤芯，安装前已进行了清洗），但重启后液压系统仍然跳机，说明回油过滤器也没问题。小李接着对油站的电接点压力表、温度表等进行检查和测试，发现油温上限设定为 +28℃，而此时的室温为 24℃。很显然，此高低压站的上限温度设定过低，系统开启后油温上升，电接点温度表动作导致系统跳停。小李随即将电接点温度表的上限温度调至 55℃，并将油站冷却系统开启。重新开启系统后设备运行正常，未再发生跳机现象。

点评： 在液压系统中存在大量的液压元件，在发生故障后要充分应用假设法，即假设系统中某个元件或部位出现问题，分析会出现哪些故障，再与运行实际故障现象进行比照。若比较吻合，则证明假设成立，而不需要对油站以外的部位进行排查。这种方法可以避免因盲目拆卸造成系统二次污染和损伤密封元件。

第九节　隔离法

将机器的某部分进行分隔或屏蔽，以判断分隔或屏蔽部分是否存在故障的方法，称为隔离法。该方法适用于解决分隔或屏蔽设备某一功能后，其他功能不受影响的设备故障。

隔离法能把复杂的问题简单化，将故障范围大大缩小。例如，在维修电脑时，拔除或屏蔽认为可能有故障或对故障有干扰作用的硬件，卸载或停止运行可能有故障或对故障有干扰作用的软件，都是运用了隔离法。

总线故障隔离是在现场总线控制系统中，防止总线故障导致同时失去多个控制回路的技术。它的基本思想就是通过中继器或安全栅将一个总线段分成若干个相对独立的部分。中继器的主要作用是扩展总线长度，而安全栅的作用是对负载进行管理。虽然它们的作用不同，但是都能起到故障隔离的作用。图 3-5 为隔离法示意图。

图 3-5　隔离法

用隔离的方法判断电脑故障

小张买了一台电脑，使用了一个月后，某天打开电脑，电脑突然发出警报声，并出现电脑错误启动提示。小张打开电脑机箱，机箱里有两根内存条。小张拔掉一根内存条，再开机，机器正常启动。于是，小张判断是这根内存条出现了问题，用橡皮擦擦拭内存条的触点，并用毛刷清理内存插槽里的灰尘，再插入内存条，电脑恢复正常。

第十节　试验法

试验是对研究对象的一种检测性操作，用来检测设备的性能或结果是否达到预期，以及正常操作或临界操作的运行过程、运行状况等。用试验的方法来解决设备故障，可以将故障的部位拆下来进行检测，以排除故障。例如，某包装机吸取商标纸的功能有些异常，检查设备无异常，怀疑是商标纸之间有一种粘力。这时候就应该将商标纸折弯，让商标纸之间存在间隙，再次试验，就可以确定是否是由商标纸引起的故障。试验法适用于不同生产厂家辅料的上机试验，来排除设备故障。例如，乳胶粘不好，可试验几种乳胶看看效果如何，从中找到粘接不好的原因。

随机故障是指偶然条件下出现的故障。要想人为地再现同样的故障是很不容易的，有时候很长时间也难再遇到一次，因此这类故障诊断起来很困难。一般来说，随机故障往往与机械结构的局部松动、错位，数控系统中部分元件工作特性的漂移以及机床电气元件可靠性下降等有关。因此，诊断、排除随机故障要经过反复试验，然后进行综合判断、检查，最终找到引起故障的根本原因。图 3-6 为试验法示意图。

图 3-6　试验法

粘不住的盒子

某工厂引进了一批包装设备，刚引进时盒子总是粘不住，调试工程师一直没法解决，后来请来乳胶厂的技术工程师。技术工程师试验了 5 种不同配方的乳胶，最后确定了一种最适合的乳胶，盒子顺利地被粘住了。

点评：该故障的解决采用了试验法，通过试验不同乳胶的性能最终把问题解决了。

第4章

维修经验

经验是一颗宝石，

那是理所当然，

因为它经常是付出极大的代价得来的。

——莎士比亚

通俗地讲，经验就是经得起实践考验的方法。在哲学上，它指人们在同客观事物直接接触的过程中，通过感觉器官获得的关于客观事物现象和外部联系的认识。经验是在社会实践中产生的，是客观事物在人们头脑中的反映。

经验是一种积累，也是一种财富。善于汲取别人的经验为自己所用的人，能够少走弯路、事半功倍。俗话说："他山之石，可以攻玉。"作者在多年的维修工作实践中，总结出了以下10条维修经验。

第一节　善于发现异常情况

设备运行异常可以通过声音、气味、温度、振动等多个方面来判断，发现设备的异常是技术人员的一项重要能力。要练就敏锐的观察能力，首先要对设备非常熟悉，平常多观察，学会辨别设备在什么状态下是正常的、在什么状态下是不正常的。譬如，经常看见的某个部件是匀速转动的，而有一天，你发现该部件转动时快时慢，那么这个部位就有异常。经验丰富的人往往能及时发现设备异常的情况，使设备故障在萌芽状态时就能得到处理。当设备出现故障后，能提早察觉异常，也有助于快速判断故障原因。

如感觉设备运转声音异常，可以提早采取措施，提前发现隐患，这样可以避免设备出现故障后完全损坏的情况发生，同时还可以预先简单地排除故障。要使用"听"这种方法，必须对工作环境和设备的运行状况非常熟悉，能够随时在复杂的声音中分辨出不和谐的声音。

图4-1　善于发现异常情况

画一条线值多少钱

20世纪初，美国福特公司正处于高速发展时期，客户的订单快把福特公司销售处的办公室塞满了，每一辆刚刚下线的福特汽车都有许多人等着购买。有一天，福特公司的一台电机出了故障，几乎整个车间都不能运转了，生产也被迫停了下来。公司调来大批维修工人反复检查，又请了许多专家来查看，可怎么也找不到问题所在。设备维修不好，就无法正常生产，这将对福特公司造成巨大经济损失。这时有人提议请著名的电机工程师斯坦门茨前来帮忙。

斯坦门茨仔细检查了电机，然后用粉笔在电机外壳画了一条线，对工作人员说："打开电机，在记号处把里面的线圈减少16圈。"工作人员照办后，故障竟然排除了。生产立刻恢复了！福特公司经理问斯坦门茨要多少酬金，斯坦门茨说："不多，只需要1万美元。"1万美元？就只简简单单画了一条线！当时福特公司最著名的薪酬口号就是"月薪5美元"，5美元在当时已经是很高的工资待遇了。1条线1万美元，等于一个普通职员100多年的收入总和。斯坦门茨看大家迷惑不解，转身开了一张清单：画一条线1美元，知道在哪儿画线9999美元。福特公司经理看了之后，不仅照价付酬，还重金聘用了斯坦门茨。

点评： 在斯坦门茨用粉笔在电机外壳画一条线的时候，其实他已经发现了设备的异常。

第二节　考虑原辅料的因素

原辅料是指生产过程中所需要的原料和辅助用料，其好坏直接影响机器的运行。因此，原辅料的性能是设备产生故障的主要原因之一。在设备性能稳定、各部件工作正常的情况下，原辅料性能的波动是引起设备故障的因素之一。

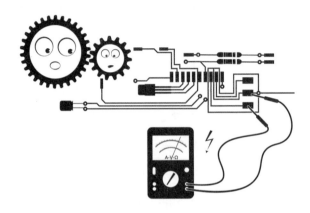

图4-2　考虑原辅料的因素

某包装机薄膜纸质量缺陷

故障现象： 某工厂的包装机采用两个厂家生产的薄膜纸来对产品进行包装。用甲厂家的薄膜纸没有出现质量问题；用乙厂家的薄膜纸生产时，一个班会出现 2~3 包薄膜纸包装不好的次品。

故障分析： 从薄膜纸的表面等参数判别不出原辅料的好坏，但结合次品的形状和机器的特点，分析认为是乙厂家的薄膜纸静电太大，导致在输送过程中导板稍微有点变形，使得输送的阻力加大，造成薄膜纸包装不好。

第三节　薄弱环节易发故障

任何事物都有其薄弱的地方，设备也是一样。皮带、链条、轴承、乳胶、运行环境恶劣的部位、承载力大的部位等往往是机械设备运转的薄弱环节。薄弱环节也是故障的高发部位。在安全管理中，薄弱环节有时是人为设置的容易出故障的部分。这样设置的目的是将系统中积蓄的能量通过薄弱环节得到释放，以小代价避免严重事故的发生，达到保护操作人员和设备的目的。

薄弱环节主要有以下部位：

1. 设计不合理的部位

设备在设计时不可能做到尽善尽美，可能存在先天缺陷和不足。这些在出厂时就隐含的缺陷是设计不成熟导致的，有些则是使用的材料不当造成。

2.使用频繁的部位

使用最频繁的部位是最容易出现故障的部位，如手机按键、电脑的键盘等。

3.负荷重（承载力大）的部位

负荷重的部位最容易出现故障，如皮带机转弯处的压辊。

4.保护措施不全的部位

在设计设备时，出于成本等方面的考虑，只对关键部位设计了比较齐全的保护措施，而保护措施不齐全的部位往往容易产生故障。

5.运行环境恶劣的部位

设备的某些部件运行的环境恶劣，灰尘、污垢的侵袭会造成零件失效，从而产生故障。例如，汽车裸露在外的轮胎，达到磨损条件或使用一定时间后，必须进行更换；手机的听筒、送话器长期裸露在外，如果不注意保养使得过多灰尘进入，时间长了，必然产生声音变小甚至无声的故障。

6.易损件部位

在设计设备时，厂家一般会提供易损件清单，告诉人们哪些部件是经常会坏的，这些易损件部位产生故障的概率就会大一些。

7.机器各组成部分（组件）的结合处

目前，先进的设备都是模块化设计，往往不同的模块由不同的设计者设计，而模块的结合处往往是故障多发的部位。

图4-3 薄弱环节易发故障

空调蒸发器连接管有漏点

故障现象： 空调不制冷。

原因分析： 某小区用户反映室内空调不制冷，维修人员小王检查后发现空调内外机都运转正常，排除接触不良的原因。小王在检测运行压力时，发现室外机运行压力为负压；检测内外机连接管接头处无漏氟现象，内机蒸发器及外机都未发现漏点；当拆下内机检查时，发现蒸发器连接管保护弹簧处有一条裂缝。

解决措施： 补焊后再次打压，无漏点，抽真空定量加氟后，工作正常，故障解除。

点评： 维修空调时，如果漏点在内外机上都很难找到，要特别注意蒸发器连接管处，此处十分隐蔽，往往很难被发现。

第四节 了解设备历史状况

　　医生给病人看病，首先要看病人的病历，仔细询问病人以前得过什么病、动过什么手术、家人有什么疾病史以及患者的饮食习惯等。维修设备也是一样，应首先向现场操作人员了解设备运行情况、发生故障前后的征兆以及事故发生时的状况，了解以前出现过的故障和解决方法，了解日常维修保养情况。还应查阅技术档案，了解设备的工作程序、运行要求及主要参数；查阅操作手册，了解零部件、元器件的作用、结构、功能和性能；查阅检修记录、点检记录。对设备的历史状况了解越多，越有利于解决其故障。

图4-4　了解设备历史状况

粗纱机出现故障

某纺织厂两班运行。白班时，一台粗纱机出现故障，维修工小李未修好就下班了，也未和接晚班的维修工小刘交接。上晚班的小刘在维修时走了很多弯路，浪费了很多时间。后来他打电话咨询小李，了解小李调整过的设备部位之后，才将故障排除。

点评： 调整设备后故障未排除，一定要在交接班时进行说明，并将调整过的部位交代清楚，以减少其他人的误判。

第五节　排查故障关联部位

复杂的机器有很多道工序，各道工序之间都相互影响，当最终形成故障时，原因往往相当复杂。查找这类故障的产生原因时，要有拓展思维。对于复杂的故障，如果迟迟不能找到原因，需要对故障的关联部位进行排查。如某包装机包装出来的透明纸不合格，经检查，机器进行透明包装的部位很正常，这时需排查包装物品的成型部位，而不是钻死胡同，只在一个地方打转。

图 4-5　排查故障关联部位

对于轮胎慢漏气的思考

一辆大货车的某个轮胎充气后不到两天就瘪了，车主到一家修理店去维修。维修人员首先拆下轮胎，把充气后的轮胎整体放入水中，未发现有漏气现象；遂检查以往的补胎位置，依然未发现漏气现象。之后维修人员观察气门嘴的位置，还是没有发现问题。再次充气后，终于在水槽中看到了气泡，原来是轮胎与轮毂的边缘慢漏气。维修人员把轮胎和轮毂的交接处整理干净，打磨轮毂的边缘，抹上密封油，重新上胎。之后轮胎不再漏气，故障排除。

点评： 补胎也有学问，前几次修理始终找不到问题的原因是未排查内胎的关联部位，未对轮胎和轮毂的接合处进行仔细检查。

第六节　明确检查先后顺序

出现故障后，在对故障部位进行检查时，对于先检查什么、后检查什么，心中要有计划，合理的检查顺序是排除故障的基础。检查时应尽量先检查容易拆卸的部位、设备的薄弱环节部位以及外围部位。

图4-6　明确检查先后顺序

燃气灶一直打不着火

如果燃气灶一直打不着火，应按如下顺序进行检查。

首先，检查气源开关是否处于打开的状态；其次，检查连接软管是否有折扁或压弯现象。如果没有被折扁或压弯，那么应拿起支锅架，尝试点火并观察是否冒火。如果不冒火，则看放电针是否放电。如果放电针不放电，说明放电针出现故障，应更换放电针；如果放电针放电，说明阀体出了故障，应更换阀体。

当火喷嘴处冒火时，如果能正常燃烧，说明点火器位置偏高，应将点火器轻轻往下按几下，再放上支锅架即可；如火焰太弱，达不到炉头处，则是气体压力太低，使用液化气灶的用户建议更换减压阀，火焰能达到盖子处，但不着火，说明阀体堵塞，应用细铁丝疏通火喷嘴。

点评： 虽然是日常生活中的琐事，也得先明确解决问题的先后顺序。

80 / 20 法则

穆尔 1939 年大学毕业后，在一家油漆公司找到一份业务员的工作。当时他的月薪是 160 美元，但满怀雄心壮志的他拟订了一个月薪 1000 美元的目标。当穆尔逐渐对工作感到得心应手后，他立即拿出客户资料以及销售图表，以确认大部分的业绩来自哪些客户。他发现，80％的业绩来自于 20％的客户。同时发现，不管客户的购买量大小，他花在每个客户身上的时间都是一样的。于是，穆尔将其中购买量最小的 80％的客户退回公司，然后全力服务其余 20％的客户。

80/20 法则成了穆尔的秘方。一年后，他月薪已高达 3000 美元，第二年便轻易地超越了这个数字，成为美国西海岸数一数二的油漆推销员。穆尔一直坚守 80/20 法则，这不但使他变得非常富有，最终还使他成为油漆公司的合伙人，并当上了董事长。

点评： 你可以将 80/20 法则的原理应用在你的待办事项计划表上，把精力集中在能获得最大回报的事情上，别把时间花费在对成功无益的事情上。就像穆尔"开除"80％的客户一样，你也得删除待办事项计划表上 80％的事情。此法则同样适用于维修，80％的故障来源于 20％的地方，这 20％就是我

顺序不对，装的东西就少

在一次时间管理课上，教授在桌子上放了一个装水的罐子，然后又拿出一些正好可以从罐口放入罐子里的鹅卵石。当教授把石块放完后，他问学生："你们说这罐子是不是满的？"

"是。"所有的学生异口同声地回答。

"真的吗？"教授笑着问，然后再从桌底拿出一袋碎石子，把碎石子从罐口倒下去，摇一摇，再加一些。他再问学生："你们说，这罐子现在是不是满的？"

这次他的学生不敢回答得太快。最后班上有一位学生怯生生地细声回答道："也许没满。"

"很好！"教授说完后，又从桌底拿出一袋沙子，慢慢地倒进罐子里。倒完后，他再问班上的学生："现在你们再告诉我，这个罐子是满还是没满？"

"没有满。"全班同学这下学乖了，很有信心地回答说。

"好极了！"说完教授从桌底拿出一大瓶水，把水倒在看起来已经被鹅卵石、小碎石、沙子填满了的罐子里。当这些事都做完之后，教授问班上的同学："你们从上面这件事情得到了什么启发？"

一阵沉默后，一位学生回答说："无论我们的工作多忙、行程排得多满，如果挤一下时间的话，还是可以多做些事的。"

教授听到这样的回答后，点了点头，微笑道："答案不错，但并不是我要告诉你们的重要信息。"他接着说："我想告诉各位最重要的信息是，如果你不先将大的鹅卵石放进罐子里去，你也许以后永远没机会再把它们放进去了。"

点评： 对于工作中林林总总的事项，可以按重要性和紧急性的不同组合确定处理的先后顺序；做到将鹅卵石、碎石子、沙子、水都放到罐子里去。

第七节　借助工具事半功倍

俗话说："工欲善其事，必先利其器。"随着科技的发展，工具越来越多，善用工具的人往往能事半功倍。

随着人力成本的上升，生产线自动化将是大趋所势，但自动化的生产线在生产过程中难免有不完善的地方，需要不断地调试和改进。面对高速运转中的机器，技术人员凭借肉眼根本无法看清楚各部件的运行情况，不能有效快捷地去进行调试和改进。高速摄像机是一个很好的工具，能捕捉到人眼看不到的极高速运动过程。透过高速摄像机，可以捕捉到机器的每个动作。每当出现故障时，可通过回看去分析影像，了解出错的情况，从而确定问题成因，找到解决方法。

除了运用于各行业的生产线，高速摄像机也可用于各种产品研发中，如跌落试验、触发反应时间测试、航空业的引擎鸟撞击测试、汽车安全气囊测试、航海业的螺旋桨测试、体育动作分析等研究。交通路口的摄像头也是一个高速摄像机，可以用来找出肇事者。

再如超声波检测仪。一般机械运动都会产生超声波，随着机器的损耗和老化，超声波的信号强度也会有所改变。我们可以通过量度超声波，去了解机器的运行状态。但人耳是听不到超声波讯号的，因此只能凭借经验和直觉去判断机器的使用寿命。超声波检测仪可以提供有力的证据来帮助人们作出判断，通过探测、量度、分析超声波讯号来得出可靠的数据，通过科学的数据分析，可以降低误判的概率。可以用超声波检测仪去进行预测性维修，长期跟踪机器的超声波读数，一旦出现读数异常，可提早检修，清除隐患。

在维修电路故障时，一般需要借助工具，如使用万用表测量线路是否导通、元器件特性是否正常、在线电流及电压是否稳定等。这种测量方法简单直接，可以迅速找到故障原因，继而解决故障。其他常用的工具有工装、量具、频闪灯、测温仪等。

图 4-7　借助工具事半功倍

汽车正常行驶水温过高

故障现象： 奥迪 A6 行驶 20000km，车主反映正常行驶时车的水温高。

故障诊断与排除： 维修人员让汽车怠速运转 10 分钟左右，用 VAG1552 故障诊断仪检查冷却液温度为 108℃~109℃，用手感受水箱进出水口处的水温，发现水温相差较大，说明节温器损坏。更换新节温器后试车，发现水温还是高。

用 VAG1552 故障诊断仪检测冷却液温度，发现还是 108℃~109℃。因为节温器是新的，而其他部件工作又正常，便将冷却液温度传感器 G62 拆下。G62 为负温度系数热敏电阻式温度传感器，30℃时其电阻值为 1500~2000Ω，80℃时为 275~375Ω。检查发现 G62 正常，但水温还是高。

一切正常，节温器又是新的，水温怎么还高呢？维修工作陷入僵局。一切装好后，再次将车发动，逐一检查冷却系统的各个部件，发现水箱进出水口处的水温还是不一样。把节温器拆下，几乎没冷却液流出。仔细观察，发现节温器后面有很多水垢，几乎把节温器全部包围。用螺丝刀把水垢敲开，冷却液全部流了下来。原因就在这里，因节温器被水垢包围，从缸盖通过小循环管路过来的冷却液几乎流不到节温器周围，节温器无法受热开启。

询问车主得知，该车主以前往膨胀罐中加过很多井水。奥迪A6只允许加G12的红色防冻液，两年更换一次，G12的红色防冻液与其他冷却液可能会起反应。加水产生了水垢，水垢在发动机冷却水套中沉积，阻碍冷却液循环，造成发动机过热。

点评： 案例中维修人员利用VAG1552故障诊断仪检查冷却液温度，但凭手感来感觉水温的变化。不是说这种方法不能用，而是这种依靠感觉的方法往往无法快速、准确地确定故障部位。例如，检测发动机水温高的故障，可用红外线测温仪。红外线测温仪可以准确地检测出温度的变化情况，从而为判断故障提供准确可靠的依据。如果利用红外线测温仪进行检测，就可以立刻确认到底是节温器损坏还是水道脏堵，因为节温器损坏和水道脏堵导致温度变化的位置是不一样的。

用智能手机"慢动作"摄像功能排除故障

　　某包装设备在运行过程中，如果有次品产生，能自动快速剔除次品。有一天，该包装设备的剔除推杆被打坏了。更换剔除推杆后，运行了一小时，该推杆又被打坏。维修工小王感觉事态严重，立即向维修组长汇报了情况。维修组长到现场后，打开了手机的"慢动作"摄像功能，对准剔除推杆进行拍摄，观察剔除推杆剔除情况，然后进行回放。由此观察到剔除推杆在剔除次品时，由于推杆变形，未完全接触到次品，导致推杆在剔除时被打坏。故障的原因找到了，调整剔除推杆后设备恢复正常。

　　点评： 维修组长在处理设备故障时，善于利用工具，做到了事半功倍。智能手机的"慢动作"摄像功能在拍摄后可以将运动的画面慢速回放，相比专业高速摄像机来说，更简单方便，可以帮助快速判断出设备故障。

第八节　尊重而不盲从标准

　　机器设备是人设计出来的，很少有一次性设计成功的完善机器，都是在反复实践中不断完善，并在用户的反馈和不断改进中走向成熟的。因此，机器设备自带的调整标准手册是根据经验设计出来的，在解决故障时，首先要参照调整标准手册。维修人员要充分了解调整标准手册的内容，理解为什么要这样设计、为什么要这样调整。设计的理论值和经验值是在实践中反复试验得出的结果，尊重标准，但不能盲从标准，尤其对于厂家刚推出的新机型。

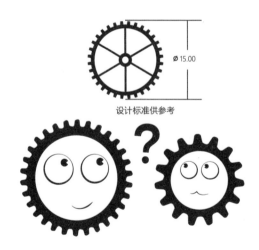

图4-8　尊重而不盲从标准

按照说明停机调整

　　某包装机经常出现一次吸取多张商标纸以及吸取时商标纸歪斜的现象。现场维修人员在设备运行过程中多次对纸库进行调整，未能解决问题，最后，维修人员按说明书上的要求，对包装机进行停机调整。包装机恢复正常，故障解除。

　　点评： 在设备运行过程中对其调整，随意性很大，一定要按调整标准进行调整。如果按标准调整后，故障现象依然没有消除，则再考虑其他因素，同时别忘了将设备调回到原来位置。

对比分析，不盲目相信标准

　　某机器在调试阶段生产出来的成品重量达不到要求，总是出现过轻或过重的成品，厂家的调试人员按机器的调整标准反复调校多月都没有效果。换了一个调试人员后，他首先对比了同类型机器的各种参数，然后进行分析，将影响成品质量的部位按自己分析出的结论进行调整，结果生产出来的成品质量达到了要求。

点评： 由于原辅料的变化，机器的调整标准也可能发生变化，设计标准需要参考，但不能盲目相信标准。

第九节　操作习惯影响运行

机器设备是由人来操作的，操作者对设备的运行原理理解越深，其操作水平就越高。如果操作者的操作习惯不正确，就会给设备的正常运行带来很大的负面影响。例如，汽车熄火后忘记关闭灯光，会导致电瓶的电很快耗完；急踩油门加速又紧急刹车、飙至极速、长时间等人而不熄火等会造成汽油消耗量过大。在进行设备维修时，了解操作者的操作习惯，对于发现设备故障原因会起到意想不到的帮助作用。

图4-9　操作习惯影响运行

贴一张纸条的维修

故障现象： 某造纸企业的检测机多次出现故障，厂家多次派人维修，故障报修不断。

故障分析及排除： 又一次接到报修，检测机的厂家派去了经验丰富的工程师王师傅。王师傅赶到时发现该设备的屏幕是暗的，没有显示，于是按下电源开关，谁知按后无反应。王师傅又按了一下，设备就重启了。原来设备有屏幕保护功能，该企业无专人看管该设备，每一位使用者用完就走，后一位使用者看到屏幕是暗的，就按电源开关。每天数次按电源开关，岂有不坏之理？修好后，该工程师在设备前贴了一张纸条，写明设备有屏幕保护功能，无显示时请先按一下任何键，不亮再开电源开关，从此这台机器再未报修。

点评： 这是一个典型的因操作习惯不当而造成的设备故障，该工程师将设备维修好后，找到了问题的根源，贴一张纸条就解决了问题。

操作工频繁启动风机引起故障

　　某厂刚建成，设备单体调试结束后，进入联动调试阶段。调试开始后两小时，有一台风机突然出现故障，变频器不能启动。维修人员李师傅赶到现场，检查发现是变频器内的功率单元体损坏。该零件价格昂贵，不能轻视。李师傅仔细检查发现，该功率单元体是因为在短时间内受到高电压冲击才被烧坏的，是频繁启动变频器所致。

　　后来了解到，某位操作工竟在 1 小时内启动风机 30 多次。为了防止类似的事情再次发生，李师傅在操作间张贴了一张警示：变频器送电 8 分钟后才允许启动风机，重启风机时，需等风机完全停止转动后再启动。

　　点评： 不了解设备、进行不良甚至错误的操作，有时会产生非常严重的后果。

操作不当，加料过多

　　某公司新买了一台 3D 打印机，两个月后电机突然不工作了。

由于生产任务紧张，王经理立即打电话给制造厂家，厂家马上从香港派技术人员小吴前来维修。小吴下飞机后直奔公司，检测后发现机器没什么毛病，而是操作人员心急，在 3D 打印机的料斗中加料太多，造成电机负载过大，导致其不能正常运转。小吴遂将料斗内的原料减少，3D 打印机马上恢复正常。

点评： 熟悉设备操作说明书，严格按规程操作，养成良好的操作习惯，可以避免不必要的损失。

第十节　良好的润滑是保证

随着现代工业的不断发展，润滑在工业生产中发挥着越来越重要的作用。润滑就是在相对运动的两个设备界面之间加入润滑剂，从而使两个摩擦面之间形成润滑膜，将直接接触的表面分隔开，变干摩擦为润滑剂分子间的内摩擦，达到减少摩擦、降低磨损、延长机械设备使用寿命的目的。润滑剂被称为机械设备的"血液"，人的气血不畅就会生病，设备也是一样。

润滑对设备的影响很大，主要有以下几方面作用。

1. 降低摩擦：在摩擦面加入润滑剂，能使摩擦系数降低，从而减少摩擦阻力，降低能源消耗。

2. 减少磨损：润滑剂在摩擦面之间可以减少磨粒造成的磨损。

3. 冷却作用：润滑剂可以吸热、传热和散热，因而能降低摩擦造成的高温。

4. 防锈作用：摩擦面上有润滑剂存在，就可以防止空气、水分、水蒸气、腐蚀性气体、尘埃、氧化物引起的锈蚀。

5. 传递动力：在许多情况下，润滑剂具有传递动力的功能。

6. 密封作用：润滑剂对某些外露零部件形成密封层，能防止水分等杂质侵入。

7. 减震作用：在受到冲击负荷时，润滑剂可以吸收冲击能。

8. 清洁作用：通过润滑剂的循环，可以把杂质通过滤清器过滤掉。

图4-10 良好的润滑是保证

一滴油就解决了故障

某包装机的推杆向上翻时卡机，故障持续了很长时间。维修人员小白将机器的相位按维修手册重调后未能解决问题，然后又排查可能有间隙的部位，更换了怀疑会出问题的零件，仍未能将故障解决。最后小白进行了仔细分析，认为自己一切都是按调整手册进行维修的，机器的结构也很简单，不可能有其他原因，遂拿来润滑油，将推杆润滑一下，故障马上消除。

点评： 润滑不好是导致设备出现故障的主要原因之一。因此，严格按设备的要求做好润滑工作，才能保证设备的良好运行。

第5章

故障十问

提出一个问题
比解决一个问题
更为重要。

——爱因斯坦

善于工作和思考的人，在工作和生活中必会多问几个"为什么"。要想成为维修高手，必须多思考、多设问。本章围绕故障的产生原因，总结出了故障十问。

第一节　故障解决之后如何跟踪

维修后跟踪体现了一个维修人员的职业态度。故障排除以后，维修人员在运行设备前还应做进一步的检查，通过检查证实故障确实已经排除，然后由操作人员来试运行操作，以确认设备是否已能正常运转，同时还应向有关人员说明应注意的问题。

设备运行一段时间后，维修人员还需对设备进行进一步观察，以确保故障排除的效果。维修后，一定要检查维修过的部位会不会带来其他的负面影响。汽车维修行业将维修后跟踪作为服务的一项重要工作内容，一方面可以确保维修质量，另一方面可以提高顾客满意度。

维修后，维修人员要告知操作人员修后注意事项、需要关注什么、还可能出现什么问题等，就像医生在给病人动完手术之后要告诉病人应注意什么一样。

图5-1　故障解决之后进行维修后跟踪

维修后不跟踪，导致下岗

　　小刘是某企业预防保养班维修工。在一次检修时，小刘更换了 1 根输送皮带，该输送皮带将产品送入下一道工序。更换皮带后，小刘未等试车就下班了。之后，接班工人开始操作机器。机器在运行了 1 小时后，出现皮带跑偏现象。跑偏导致皮带磨损，磨损出的废料进入了成品。质检部门认定此事件为较大质量事故，维修工小刘应负第一责任。这一事故直接导致他下岗。

　　点评：维修工小刘维修后不跟踪、不交接，导致出现产品质量事故。如果小刘跟踪自己所做的维修，事故完全可以避免。

第二节　故障的根本原因是什么

设备修好后，故障的根源不见得能找到，维修通常情况下只是"头疼医头，脚疼医脚"，因此还需反思出现故障的根本原因。一个故障的产生，设备本身的原因只是一方面，还有很多潜在的因素需要考虑，如人员的培训是否到位、管理制度是否合理、是否要将该部位纳入点检的范畴、是否需要对相关的人员进行正负激励等。

例如，电机输出端轴承频繁损坏与很多因素相关，包括轴承质量、轴承孔同轴度、轴弯曲度、润滑问题、温度变化、输出端负荷波动、输出端连接与安装、电机安装固定、电流电压等，在更换轴承后，故障虽然一时排除了，但还需要找到轴承会坏的根本原因，才不至于以后再发生问题。

图 5-2　故障的根本原因是什么

饮水机的水没有烧开

几个月大的婴儿连续几天拉肚子，到医院检查后，确诊为有炎症，吃了消炎药后有所好转，但几天后又发作，反复多次。最后，家长发现是由于饮水机的水未烧开所致。将水烧开后，婴儿的疾病未复发。

点评： 找到根本原因是解决问题的关键。

换轴承的故事

某企业的一台机器出现故障，维修工小张检查发现是某部件的轴承坏了，更换轴承后正常运行不到 1 个月，该部位的轴承又坏了。小张感觉不对劲：为何新换的轴承只用了 1 个月就坏了？他仔细检查了新轴承的质量，并未发现任何问题。1 个月后，该部位的轴承又坏了。这时小张向师傅请教到底是什么原因，师傅仔细检查了相关部位，最后发现该部位轴承孔的同轴度不对，导致轴承受力较大，容易损坏。校正轴承孔的同轴度后，将新轴承换上，该部位两年未再出现故障。

残留的辣椒籽

有一位老太太因耳鸣入院治疗，入院后经中医辨证，认为是肝
肾阴虚所致的耳鸣，遂予以补益肝肾治疗。治疗 1 周后，疗效不
佳，耳鸣依然。张医生接管病床后，就和老太太进行了交流，问了
病情，看了舌苔，觉得对她的辨证是正确的，治疗方案也合适。但
是为什么没有疗效？为此，张医生去图书馆查了有关资料，将处方
的药物进行了调整。治疗 1 周后，仍无疗效。张医生来到病房，和
老太太聊了起来。

问：老大娘，您是什么时候出现耳鸣的？

答：半年前。

问：两只耳都耳鸣吗？

答：就是左耳耳鸣。

问：耳鸣前是否有高血压或其他不适？

答：耳鸣前曾经失眠，听别人介绍，使用了一种民间偏方，就
是把辣椒放入左耳。睡眠改善后，就把辣椒取了出来。

问：是否从此以后就出现了耳鸣？是两只耳朵同时耳鸣，还是

仅为左耳？

答：是的，从那以后就出现了耳鸣。从开始到现在，一直都是左耳耳鸣，特别是睡在床上时，耳鸣随着翻身加剧，痛苦得很。在我们镇医院、县医院都看了，治疗都未见好转。

听了老太太的讲述，张医生脑子里冒出一个大胆的猜想：是否有东西残留在老太太的左耳内？老太太到过几家医院，张医生理所应当地认为已经有医生给她检查过耳朵了。作为中医，一般不会再去做这种检查。在了解情况后，张医生请她走到窗边的阳光下，查看了她的左耳，发现有几粒小小的异物在里面。他小心翼翼地把异物一一取出后，发现原来病人的左耳内竟遗留着几粒辣椒籽。

辣椒籽取出后，老太太的耳鸣消失，半年之苦，瞬间去除。

点评： 治病必求于本，这是中医辨证施治的核心。作为一名医生，在为患者制订一个准确的治疗方案之前，一定要详细了解病人病情的发生、变化及治疗过程中的一些相关细节。维修人员也一样，要用医生治病的态度对待设备的维修，凡事追本溯源，找到故障发生的根本原因。

第三节　如何处理反复出现的故障

　　故障排除后，要考虑到还会不会出现相关的故障，不能修好了这个部位却引发了其他部位的故障。因此，有必要进行换件、调整后的风险评估，如有可能引发其他问题，必须和操作人员交代清楚，让操作人员做到心中有数。

　　有些故障虽然不能彻底维修好，但我们可以采取相应的措施进行预防。例如，机器由于辅料原因出现次品，虽进行了维修，但难以根治。此时可以和操作人员交代清楚怎样进行控制，让次品不进入下一道工序。这属于一种妥协的方案，也是解决问题的一个思路。

图 5-3　如何处理反复出现的故障

某工厂一台机器的商标纸输送通道堵塞，维修人员发现该机器的胶缸座抖动，原来是胶缸的轴承坏了，更换后设备正常工作。1周后，该轴承又损坏了。维修人员得出结论，该部位的轴承由于浸泡在胶水里，极易损坏，但是改进设备的成本又很高，就预备了一些轴承，随坏随换。

点评： 环境恶劣的部件容易出现问题，维修后还会经常损坏。可以找出部件坏的规律，在非生产时间进行更换，保证在生产时间内不出现故障，提高设备的有效作业率。

第四节　如何处理不能根治的故障

安全事故是可以预防的，设备故障也是一样。有人说突发的故障不能预防，其实任何故障发生前都有征兆，设备故障可以从设备管理、技术保障等方面进行预测和预防，但要考虑预防措施的成本。如果投入比较大，可以采取事后维修的方式。如果设备出现故障后，对生产、安全、质量、成本造成很大的影响，那么就需要针对可能发生的故障采取周全的预防措施。

有些设备故障是不能彻底消除的，只能部分改善。例如，出现次品往往跟原辅料、设计等多重因素相关，碰到这样的问题，可以通过增加检测系统来降低故障发生的概率，或让操作人员加以监护，这也是解决问题的一种思路。如高铁机车上的一个零件坏了，靠人工去检查会非常困难，万一未检查出来，就有可能造成特大事故。此时就需要科学地预防，采用定期更换、仪器检测、数据预警、报警等手段，采取多重保护措施来控制事故的发生概率。

改变不了就适应，在工矿企业，很多故障是难以彻底得到解决的。如辅料因素的变化，环境温度、湿度的变化等，这些原因引起的故障，很难从根本上进行根治，这就需要从设备角度想办法。如透明纸很容易被摩擦出擦痕，倘若从辅料上进行改进，不但增加成本，而且很难达到工艺要求，反过来对设备进行改进，去适应辅料，同样可以解决问题。

机械故障引发的重大交通事故三例

事故一： 2002 年 4 月 23 日，在 G205 线上，一辆由南京驶往芜湖方向的客车与疾驶而来相向行驶的大型货车相撞，客车上驾乘人员共 4 人全部丧生，车辆报废。经对该车有关部件进行拆检、分析发现，导致这次特大交通事故的主要原因是客车左前轮悬架下摆臂球销裂断，断面上有 3/5 的面积为陈旧性断痕，左前轮悬架下摆臂球销磨损严重。

事故二： 2003 年 9 月 27 日，一辆桑塔纳 2000 型轿车在由合巢芜高速公路返回途中，行驶在 G205 线上时，与一辆停驶货车尾部相撞，导致轿车副驾驶座上 1 人当场死亡、驾驶人重伤、车辆报废的重大交通事故。据驾驶人反映，该车刚上合巢芜高速公路段时，发现制动时有时无，停车检查未发现原因，抱着侥幸心理，凑合上路。本来打算到家后再送到修理厂检修，没想到车在行驶过程中就发生了重大交通事故。经拆检有关零部件发现，导致这次重大交通事故的主要原因是该车制动系统中与真空增压泵相接的 1 根真空管上有一条长约 20mm、最宽处约 1.5mm 的裂缝。该真空管上覆盖着一层较厚的灰尘，抹去灰尘即可看见此裂缝。

事故三： 2004 年 10 月 7 日上午，一辆大客车在 5313 线上行驶并转弯时，因方向失控而翻入路边沟中，造成多人受伤。该车 2004 年 6 月 28 日做过二级维护，并在当月 30 日检测合格，到发生事故时已有 3 个月未进行二级维护。经检查发现，该车横拉杆左球销和球销座都磨损严重，尤其是球销磨损严重超标，已不成形，导致车辆在转弯时球销滑出，因方向失控而翻车。

点评：从上述几起恶性交通事故中不难发现，它们都是由机械故障引发的，这些机械故障的发生过程都是缓慢的，不是突发性的，而事故的发生却是突发性的。事故一的发生是因为该车虽经多次维修，但检验不到位致使隐患留于车中；事故二则是因为日常维护的工作未做好，特别是在发现故障时，也未能重视并认真检查、及时送修，诱发了重大交通事故；事故三则是车辆在维修中未坚持原则，如果球销磨损严重超标，并磨损到能滑出，在前几次维护时就应予以更换，在车辆维修中若能坚持原则，把握旧件需要替换的界限，而不是凑合，这次交通事故是可以避免的。

从管理角度提出以下预防对策：

1. 加强车辆日常维护，保证车况良好。

2. 充分发挥质量检验人员在汽车维修质量管理中的作用。

3. 坚持合理的车辆维修、质量检验制度，严把质量关。

第五节　故障是不是具有普遍性

同一个人在一个地方摔倒了两次，或几个人在同一个地方都摔倒了，说明这个现象带有普遍性，很可能是路的问题。如果某个部位在多台同样的设备上都出现故障，这就说明这个故障可能也带有普遍性。

出现故障后，要分析该故障具不具有普遍性。如果故障具有普遍性，就需采取相应的措施进行预防，并告知其他技术人员和操作人员。如汽车召回，由于厂家设计和制造的产品存在缺陷，不符合有关法律法规、标准，有可能导致安全及环保问题，厂家必须及时向国家有关部门报告该产品存在的问题、造成问题的原因、改善措施等，提出召回申请，经批准后对在用车辆进行改造，以消除事故隐患。

永不掉的钢印

某厂生产实行三班倒，每个上岗的班需要更换包装机的钢印。更换时需要松开固定螺钉，将上一个班的钢印取下，换上当班的钢印，然后接班生产。但是，由于员工操作疏忽，总会出现螺钉未拧紧导致钢印掉出来的现象。这种现象每个月会出现几次。针对这个普遍现象，技术人员开发了一个不需要拧紧螺钉就可以进行钢印更换的装置，而且钢印安装好后不会掉落，杜绝了该类质量隐患。

点评：包装机的钢印掉出来是一个普遍现象，技术人员从根本上采取措施，杜绝了隐患。

第六节　故障造成的影响有多大

　　故障造成的影响有多大，可以从历史数据进行分析和判断，也可根据经验进行判别。当故障造成的影响很大时，就需要采取相应的措施进行预防，防止类似故障再次发生。

　　在机器的设计阶段也可以对可能发生的故障的后果进行评估，目前经常采用的是 Fmea（失效模式与影响分析）方法，即在设计阶段对系统的各个组成部分，如元件、组件、子系统等进行分析，找出它们可能产生的故障及其类型，分析每种故障对系统的安全所带来的影响，判断故障的重要性，以便采取措施予以防止和消除。

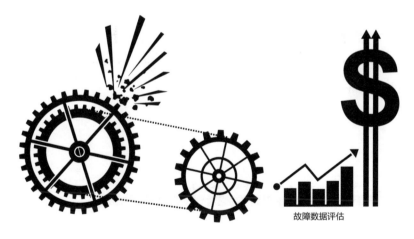

故障数据评估

图 5-4　故障造成的影响有多大

这种方法的特点是从元器件的故障开始，逐步分析其影响及应采取的对策，其基本内容是找出构成系统的每个元件可能发生的故障类型及其对人员、操作及整个系统的影响。

一个钢圈，101 条人命

1998 年 6 月 3 日，德国高铁 ICE884 号在艾须得镇出轨撞毁，共造成 101 人丧生、105 人受伤。这是德国高铁史上最严重的灾难，事故原因是双壳式车轮中的钢圈在使用中受到磨损，其收缩程度增加，导致钢圈变薄。在快速的行驶过程中，钢圈逐渐产生缺口并演变为裂缝，从内轮脱落，最终车轮毁损，酿成惨剧。

点评： 高铁一旦出故障就会造成很大的伤亡，所以要设置很多道防线以保证万无一失。倘若关键部位能够有检测系统、报警系统，出故障前就能提前报警。

第七节　如何缩短维修所需时间

故障出现后不可怕，可怕的是不去思考。如果一个故障反复出现，可以提前采取措施，缩短维修时间。改善维修工具、汲取经验、加强培训、运用总成维修等，都是缩短维修时间的方法。

现在的设备越来越多地采用模块化设计，目的就是方便维修。模块化设计就是将产品的某些要素组合在一起，构成一个具有特定功能的子系统，将这个子系统作为通用性的模块与其他产品要素进行多种组合，构成新的系统，产生多种不同功能或相同功能的系列产品。当出现故障后，将整个模块进行更换，这样就可以使解决故障的时间大大缩短。

图 5-5　缩短维修所需时间的方法

模块化设计也是绿色环保设计方法之一，它已经从一种设计理念变为较成熟的设计方法。将绿色环保设计思想与模块化设计方法结合起来，可以同时满足产品的功能属性和环境属性，一方面可以缩短产品研发与制造周期，增加产品品种，提高产品质量，以快速应对市场变化；另一方面可以减少或消除对环境的不利影响，方便重复使用、升级、维修和产品废弃后的拆卸、回收和处理。

汽车上安装的备胎就是模块化设计的一个案例。你的车行驶在路上时，如果轮胎坏了，自己又无法补胎，这时只需换上备胎就可解决问题。

自制工具解决问题

小张在维修某个故障的时候，紧固螺钉松不下来，主要是拆卸该螺钉的空间非常窄，不好操作。他花费了近3个小时才将螺钉拆下来，将故障解决。小张一直在思考，如果下次再出现类似的故障，如何快速地将螺钉拆卸下来。后来他针对该部位的特点自制了一个拆卸工具，只需10分钟就能将该螺钉拆卸下来。该工具简单实用，能很好地解决问题。

点评： 出现问题不可怕，可怕的是不去思考，小张通过自行设计简易工具，将故障的维修时间缩短，值得大家学习。

第八节　是否能对设备进行改进

　　设备是设计出来的，设计一旦完成，并按预定的要求生产出来后，其固有可靠性就确定了。生产制造过程保证了设备的潜在可靠性得以实现，而在使用和维修过程中只能尽量维持已获得的固有可靠性。所以，如果在设计阶段，产品的可靠性没有得到足够的重视，造成产品结构设计不合理、电路设计不可行、材料及元器件选择不当、安全系数太低、检查维修不便等问题，那么在以后的各个阶段中，无论怎么认真制造、精心使用、加强管理也难以保证产品的可靠性。但是，任何产品都不可能百分之百的可靠，都存在改进的空间。当故障出现后，就可以进行改进。

图5-6　对设备进行改进

改进分为很多方面。有对设计不合理部位的改进，有提升产品质量的改进，有对安全隐患部位的改进，有提升效率的改进，有降低成本的改进，有方便操作、调整、维修的改进，还有改善环境的改进（噪声控制）等。改进的方法和思维有头脑风暴法、逆向思维、直线思维、平行思维等。如忘关汽车玻璃会造成财产损失，则可给汽车进行设计改进，增加玻璃自动上升功能。

将轴加长来安放挡板

调试工程师在对某进口机器进行调试并拆卸一个挡板时，发现轴上的挡板容易掉下来，而且掉下来后容易伤人。为了避免其他人在拆卸这个挡板时受伤，该工程师向公司总部设计部提出建议，将该轴加长，这样挡板拆卸后有轴作保护，不会掉落到地上。

点评：重视细节，不断改进，提升机器的性价比，既方便了维修，又避免伤害操作人员。

改 1 个孔节约 1 小时

某设备的铝箔纸输送负压装置由于容易吸进灰尘，过一段时间就需取下来进行清洁。维修人员每次取下该装置需用 1 个小时，耗时耗力。后来工程师对此进行改进，把负压沉孔改为通孔，这样清洁时只需拆下一个螺钉即可，5 分钟就可以完成，并且操作工都能够处理。

点评： 设计师在设计机器时，未考虑到维护保养的方便性。在使用过程中，维修人员把负压沉孔改为通孔，清洁保养非常方便，大大缩短了维护保养时间。

第九节　如何分析故障的统计数据

随着机器智能化的普及和数据采集系统的应用，对机器进行大数据分析为我们带来很多意想不到的收获。我们可以对机器自带的参数，如剔除参数、停机参数进行统计分析，确定哪些因素造成的停机次数多、哪些故障造成的停机时间长、什么时间段停机次数多。还可以将不同厂家的辅料造成的停机次数进行对比，将熟练员工与新手员工操作机器的停机次数进行对比等。通过以上数据的分析，可以了解故障出现的频率、预测故障发生的概率，提前采取措施进行控制。

对设备的故障进行分类统计，可以了解发生故障的主要原因和内容，找出故障发生的规律，明确故障管理工作的重点，发现设备管理中的薄弱环节，提供改进及维护的决策依据。

例如，航空公司的维修部门在进行飞机故障处理时，如果没有找到明确的表面故障特征，则需要检查飞机排故手册中所列的所有可能导致故障的部件、线路和管路。但如果有故障统计数据，维修人员就可以通过数据对比，优先处理故障率高的部件、线路和管路，提高维修的准确度和维修效率。以某航空公司空客 A320 电子舱通风系统的出气活门的故障信息为例，采用飞机排故手册的隔离程序，首先需要检查控制器与出气活门之间的线路，再检查出气活门。但是从该公司 A320 机群历史排故数据来看，该故障的排除主要是更换排气活门的部件，其次是电子通风系统控制器。因此，在故障处理时，可优先考虑更换排气活门。可见，通过对历史维修数

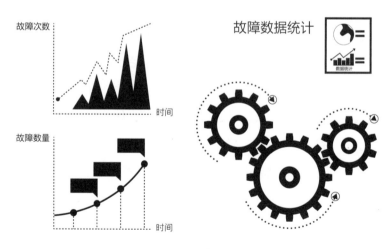

图 5-7　分析故障的统计数据

据的分析和运用，能够显著提高故障的排除率。而对于定检部门，可以在对历史维护数据进行分析的基础上，鉴别出哪些部件在定检维护间隔期内仍然容易发生故障，可以通过缩短这些部件的更换周期来降低故障率。这一方法特别适用于航空公司，可以起到未雨绸缪的作用，从而提高航空公司航班正点率，减少由于机械故障导致的航班延误。

托辊定期更换计划

某钢厂用带式输送机输送成品，由于负载大、输送距离远、倾角较大，经常会出现因托辊磨损严重而被迫停产的情况。这种经常性的故障给厂里的生产带来不少压力。后来，点检人员通过对皮带机上的托辊进行跟踪，对不同区域内的托辊使用寿命进行统计，制订了托辊定期更换计划，对不同区域内的托辊按照使用寿命进行定期更换。这个定期更换计划实施后，厂里因托辊损坏故障导致的停产明显减少了很多。

点评： 该案例通过对托辊故障的统计，对不同区域内的托辊使用寿命进行分析，制订了有针对性的托辊定期更换计划，实施后大大减少了由于托辊损坏故障造成的停产。

数据分析的重要性

　　某企业有 30 组设备，设备的故障率总是居高不下。设备厂长上任后，首先对近 3 个月以来的故障数据进行了统计。在查看数据的过程中，他发现每周一上班的前两个小时是设备故障频繁发生的时间。根据这个重要信息，他制定了一个规定，要求周一上班后所有的技术人员都到生产现场去帮助解决问题。这个规定实施后，由于周一的设备保障技术力量得到了加强，设备故障率明显下降，有效作业率明显提升。

　　点评： 通过数据分析，找出关键因素，制定对策，解决问题。

第十节　如何选择最合适的维修策略

　　企业追求利润最大化，想花最少的钱、用最少的工、赚取最多的利润，在设备维修中同样需要有成本观念。

　　当设备出现故障并找到原因后，在具体处理故障时，需要寻找最合适的维修策略。设备的维修策略就是要解决"何时修、如何修"的问题。维修策略既有效又经济实惠是选择设备维修方法的根本出发点。如果故障的根治成本太高，就需另作打算。

例如，一次性打火机打不着火了，人们是不会去进行维修的，因为打火机维修耗费的精力和成本远远高于买一只新打火机的成本。

维修的方案有多种，哪种维修策略最为合适，需根据实际情况来确定。例如，幼童掉进了水缸，可以去叫大人救助，也可以砸破水缸放水救人。解决问题的方法有很多种，选择哪一种，需要综合地进行比较。当在达到某一目的的过程中遇到障碍时，可以攻坚克难，也可以绕过障碍，这样也可以达到目的。

图5-8　选择最合适的策略

企业的设备越多，选择合适的维修策略就越为重要。企业设备可分为关键设备和一般设备，对于不同的设备类型，可采取不同的维修策略。企业的关键设备发生故障后，将会造成严重的经济损失，给企业的生产带来较大的影响。因此，关键设备是维修的重点，应采用预防维修和状态维修两种方式。企业的一般设备，又可以根据发生故障后处理时间长短的不同采取不同的策略：处理时间较长的设备，可以采用计划维修方式，彻底消除故障；处理时间较短的设备，可以采用事后维修的方式，即不坏不修。

　　社会的分工越来越细，维修工作社会化、专业化是必然趋势。

结语

维修的最高境界

战国时期，有一次魏文王问名医扁鹊："你们家兄弟三人，都精于医术，到底哪一位的医术最好呢？"

扁鹊答道："长兄最好，二兄次之，我最差。"

魏文王再问："那为什么你最出名呢？"

扁鹊答道："我长兄治病，是治病于病情发作之前。由于一般人不知道他事先能铲除病因，所以他的名气无法传出去，只有我们家的人才知道。我二兄治病，是治病于病情初起之时。一般人以为他只能治轻微的小病，所以他的名气只限于本乡里。而我治病，是治病于病情严重之时。大家都看到我在经脉上穿针管来放血、在皮肤上敷药等治疗措施，所以以为我的医术高明，名气因此响遍全国。"

魏文王说："你说得好极了。"

设备维修与治病救人一样，需要以预防为主。维修人员要善于治"未病"，做好设备的维护工作，避免出现重大故障。实现设备的零故障是维修人员追求的最高境界。

设备的零故障不是说设备不出现故障，而是指设备在生产时间内不出现故障，而维修人员通过技术手段在非生产时间将设备的故障消除在萌芽状态。例如，飞机在飞行过程中就不能出现故障；又如，关键生产线有故障会造成长时间停产，将会带来巨大的损失。因此，对于这类设备，就需在非生产时间对其进行检修，排除故障隐患，确保零故障。

要达到设备零故障，可从以下5个方面去努力。

1.找出潜在的故障，加以解决。找出设备的潜在故障，需要有精通设备的技术人员，知道设备什么时候、什么部位会出现问题。例如，某厂有20组设备都达到10年使用寿命，如果其中3组设备某个部位的轴承都损坏了，那么就可以判断出其他17组设备该部位的轴承也已达到使用年限，需提前更换，将该潜在故障消除。

2.通过培训，提高操作人员、维修人员的素质，提高人的可靠性，减少人的失误造成的故障。

3.改善设计，从源头控制故障的产生。有些故障可以通过改进设计来达到根除的效果。对这类故障进行分析总结，提出解决的办法，采取合理的措施，从源头上进行控制，可达到免维护的效果。

4.加强预防维修。加强对设备进行点检，通过点检提前发现设备的潜在故障。例如，定期对设备箱体内传动系统进行点检，当发现有螺钉、螺母松动的现象时，就可提前采取措施，将设备隐患消除在萌芽状态。采用先进的技术手段对设备的状态进行监测，针对设备的劣化程度，在故障发生前，适时地进行预防维修，排除故障隐患，使设备恢复到良好状态。

5.通过改善管理，提高设备维护水平。设备管理的核心是以实现生产经营目标为目的，提高设备综合效率，追求寿命周期费用经济性。要根据企业设备的特点，制定符合企业实际的设备管理制度，来提高企业的设备维护水平。例如，针对不同的设备，确定采用事后维修模式还是预防维修模式，或者制定符合企业实际的点检模式等。

附录

维修常用词条

一、设备管理

点检

点检是指按照制定的标准、周期，对设备规定的部位进行检查，以便早期发现设备隐患，及时采取措施加以修理和调整，使设备保持其规定功能的设备管理方法。

点检的"八定"要素

定人：确定点检的人员，包括专职点检人员和兼职点检人员。

定点：根据设备容易产生隐患的部位，明确点检部位、项目和内容。

定量：对劣化倾向的定量化测定。

定期：针对不同设备、不同设备故障点，给出不同点检周期。

定标准：给出每个点检部位是否正常的依据，即判断标准。

定计划：点检计划表又称作业卡，指导点检人员沿着规定的路线作业。

定记录：包括作业记录、异常记录、故障记录及倾向记录。

定流程：明确点检作业和点检结果的处理程序。对于急需处理的问题，要通知维修人员；不急于处理的问题则记录在案，留待后续处理。

TPM 设备管理

TPM（Total Productive Maintenance），即"全员生产维修"，是一种全员参与的生产维修方式。其主要特点是在"生产维修"及"全员参与"上，通过建立一个全系统员工参与的生产维修活动，使设备性能达到最优。

6S 活动

1S——整理（Seiri）：区分"要"与"不要"的东西，对"不要"的东西进行处理。目的：腾出空间，提高生产效率。

2S——整顿（Seiton）：要的东西依规定定位、定量摆放整齐，明确标识。目的：排除寻找的浪费。

3S——清扫（Seiso）：清除工作场所或车辆上的脏污，车辆、设备异常马上修理，并防止污染的发生。目的：使不足、缺点明显化，便于突出解决。

4S——清洁（Seiketsu）：将3S的实施制度化、规范化，并保持规范。目的：通过制度化来维持成果，并显现"不同寻常"的效果。

5S——素质和修养（Shitsuke）：人人依规定行事，养成良好习惯。目的：提高人的素质，培养对任何工作都持认真态度的人。

6S——安全（Safety）：保证工作现场、产品质量和服务质量安全。目的：杜绝安全事故，规范操作，确保产品和服务质量。

故障树分析法

故障树分析法是指把所研究系统的最不希望发生的故障状态作为故障分析的目标，然后找出直接导致这一故障发生的全部因素，再找出造成下一级事件发生的全部直接因素，直到找到那些故障机制已知的基本因素为止。通常把最不希望发生的事件称为顶事件，不再深究的事件称为基本事件，而介于顶事件与基本事件之间的一切事件称为中间事件，用相应的符号代表这些事件，再用适当的逻辑把顶事件、中间事件和基本事件连接成树形图，即得故障树。故障树表示了系统设备的特定事件（不希望发生事件）与各子系统部件的故障事件之间的逻辑结构关系。以故障树为工具，分析系统发生故障的各种原因、途径，提出有效防止措施的系统可靠性研究方法即为故障树分析法。

二、机械常识

凸轮机构

凸轮机构是由凸轮、从动件和机架三个基本构件组成的高副机构。凸轮是一个具有曲线轮廓或凹槽的构件，一般为主动件，做等速回转运动或往复直线运动。与凸轮轮廓接触，并传递动力和实现预定的运动规律的构件，称为从动件，一般做往复直线运动或摆动。

凸轮机构在应用中的基本特点在于能使从动件获得较复杂的运动规律。因为从动件的运动规律取决于凸轮轮廓曲线，所以在应用时，只要根据从动件的运动规律来设计凸轮的轮廓曲线就可以了。

凸轮机构广泛应用于各种自动机械、仪器和操纵控制装置中。

轴承

轴承是在机械传动过程中起固定和减小载荷摩擦系数的部件，也可以说是当其他机件在轴上彼此产生相对运动时，用来降低动力传递过程中的摩擦系数和保持轴中心位置固定的机件。轴承是当代机械设备中一种举足轻重的零部件，它的主要功能是支撑机械旋转体，用以降低设备在传动过程中的机械载荷摩擦系数。按运动元件摩擦性质的不同，轴承可分为滚动轴承和滑动轴承两类。

轴承的精度、性能、寿命和可靠性对主机起着决定性的作用。在机械产品中，轴承属于高精度产品。高水平的轴承生产工艺不仅需要数学、物理等诸多学科的理论支持，而且需要材料学、热处理技术、精密加工和测量技术、数控技术、计算机技术等诸多学科为之服务，因此轴承又是一个能代表国家科技实力的产品。

链条

链条一般为金属的链环或环形物，多用作机械传动。链条按不同的用途和功能可分为传动链、输送链、曳引链和专用特种链4种。

传动链是主要用于传递动力的链条，如传动用双节距滚子链、传动用套筒链、传动用齿形链等。

输送链是主要用于输送物料的链条，如长节距输送链、短节距滚子输送链、倍速输送链、双节距滚子输送链等。

曳引链是主要用于拉曳和起重的链条，如捕鱼链、捆绑链等。

专用特种链是主要用于专用机械装置上的、具有特殊功能和结构的链条。

齿轮

轮缘上有齿、能连续啮合传递运动和动力的机械元件。齿轮是能互相啮合的有齿的机械零件，很早就被应用在传动中。

螺母

螺母就是螺帽，是与螺栓或螺杆拧在一起用来起紧固作用的零件。其工作原理是利用螺母和螺栓之间的摩擦力进行自锁，但是在动载荷中，这种自锁的可靠性会降低。在一些重要的场合，我们会采取一些防松措施，保证螺母锁紧的可靠性，用锁紧螺母就是其中的一种防松措施。

螺栓

螺栓在日常生活和工业生产制造当中是少不了的，螺栓也被称为"工业之米"，可见螺栓的运用之广泛。螺栓的运用范围包括电子产品、机械产品、数码产品、电力设备、机电机械产品等。船舶、车辆、水利工程甚至化学实验上也会用到螺栓。

垫片

垫片是在两个物体之间起机械密封作用的零件，通常用以防止两个物体之间由于受到压力、腐蚀和管路自然的热胀冷缩而发生泄漏。由于机械加工表面不可能完美，使用垫片即可填补其不规则性。垫片通常由片状材料制成，如垫纸、橡胶、硅橡胶、金属、软木、毛毡、氯丁橡胶、丁腈橡胶、玻璃纤维或塑料聚合物（如聚四氟乙烯）。特定应用的垫片可能含有石棉。

垫圈

垫圈是一个带漏洞（通常在中间）的薄板（通常是圆形的），是一种紧固件，也可起间隔作用。通常，垫片的外径是内径的两倍左右。

液压系统

液压系统的作用为通过改变压强来增大作用力。一个完整的液压系统由 5 个部分组成，即动力元件、执行元件、控制元件、辅助元件（附件）和液压油。一个液压系统的好坏取决于系统设计的合理性、系统元件性能的优劣、系统的污染防护和处理。

气压系统

气压传动以压缩气体为工作介质，靠气体的压力来传递动力或传递信息。传递动力的系统是将压缩气体经由管道和控制阀输送给气动执行元件，把压缩气体的压力能转换为机械能而做功的；传递信息的系统是利用气动逻辑元件或射流元件以实现逻辑运算等功能，亦称气动控制系统。

游标卡尺

游标卡尺是一种测量长度、内外径、深度的量具。游标卡尺由主尺和附在主尺上能滑动的游标两部分构成。主尺一般以毫米为单位，而游标上则有 10、20 或 50 个分格。根据分格的不同，游标卡尺可分为 10 分度游标卡尺、20 分度游标卡尺、50 分度游标卡尺等。游标为 10 分度的刻度长度为 9mm，20 分度的刻度长度为 19mm，50 分度的刻度长度为 49mm。游标卡尺的主尺和游标上有两副活动量爪,分别是内测量爪和外测量爪,内测量爪通常用来测量内径,外测量爪通常用来测量长度和外径。

三、电器常识

电路板

电路板的名称有线路板、印制电路板、铝基板、超薄线路板、超薄电路板、印刷(铜刻蚀技术)电路板等。电路板使电路迷你化、直观化,对于固定电路的批量生产和优化电器布局起重要作用。电路板主要由焊盘、过孔、安装孔、导线、元器件、接插件、电气边界等组成。

万用表

万用表又称为复用表、多用表、三用表、繁用表等,一般以测量电压、电流和电阻为主要目的,是一种多功能、多量程的测量仪表。一般万用表可测量直流电流、直流电压、交流电流、交流电压、电阻和音频电平等,有的还可以测电容量、电感量及半导体的一些参数。

试电笔

试电笔也叫测电笔,简称"电笔",是一种电工工具,用来测试电线中是否带电。笔体中设有氖泡,测试时如果氖泡发光,说明导线有电,或者为通路的火线。试电笔的笔尖、笔尾由金属材料制成，笔杆由绝缘材料制成。使用试电笔时，一定要用手触及试电笔尾端的金属部分，否则因带电体、试电笔、人体与大地没有形成回路，试电笔中的氖泡不会发光，从而容易造成误判，认为带电体不带电。

集成电路

集成电路是一种微型电子器件或部件，采用一定的工艺，把一个电路中所需的晶体管、二极管、电阻、电容和电感等元件及布线互连在一起，制作在一小块或几块半导体晶片或介质基片上，然后封装在一个管壳内，成为具有所需电路功能的微型结构。

黑箱原理

可以将微机设备看成一个只有输入端和输出端的密封黑箱，严禁撬开箱子窥看，要想知道它的内部秘密，只能输入一些参数和进行某些试验，然后观测输出端的行为，根据观测结果判断黑箱的内部秘密，这就是黑箱原理。

电阻法

电阻法是一种常用的测量方法，通常是指利用万用表的电阻挡，测量电机、线路、触头等是否符合使用标称值以及通断的一种方法，或用兆欧表测量相与相、相与地之间的绝缘电阻等。测量时，注意量程的选择与校对表的准确性。使用电阻法测量的通用做法是先选用低挡，同时要注意被测线路是否有回路，并严禁带电测量。

电压法

电压法是指利用万用表相应的电压挡，测量电路中电压值的一种方法。测量时，有时测量电源、负载的电压，有时也测量开路电压，以判断线路是否正常。测量时应注意表的挡位，选择合适的量程。一般测量未知交流电或开路电压时，应选用电压的最高挡，以确保不在高电压、低量程的情况下进行操作，以免把表损坏。测量直流电时，要注意正负极性。

电流法

电流法是指测量线路中的电流是否符合正常值，以判断故障原因的一种方法。对弱电回路，常用电流表或万用表电流挡串接在电路中进行测量；对强电回路，常用钳形电流表检测。

四、思维方法

扩散思维法

扩散思维法指面对问题沿着多方面思考、产生出多种设想或答案的思维方式。它又称为发散思维、辐射思维、求异思维、多向思维等。

头脑风暴法

头脑风暴法是美国创造学之父奥斯本在 20 世纪 30 年代创立的。在韦氏国际大字典中被定义为一组人员通过开会方式对某一特定问题出谋划策，群策群力解决问题。

收敛思维法

收敛思维法（集中、求同、聚敛）指为了解决某一问题而调动已有的知识、经验和条件去寻找唯一的答案。

联想思维法

联想思维法是由此达彼，并同时发现它们共同的或类似的规律和思维方式的方法。

或从一定的思考对象出发，有目的、有方向地想到其他事物，以扩大或加强对思考对象某方面本质和规律的认识或解决某一问题。

联想思维是反映事物某方面本质的理性认识活动，是经后天培养训练发展起来的，是反映事物现象的感性认识活动，是人的天赋能力。

类比法

类比法是将一种（类）事物与另一种（类）事物对比而进行创新的技法。其特点是以大量联想为基础，以不同事物间的相同、类比为纽带。

移植法

移植法是指把某一事物的原理、结构、方法、材料等转到当前研究对象中，从而产生新成果的方法。

逆向思维法

逆向思维法是指人们为达到一定目标，从相反的角度来思考问题，从而启发思维的方法。创造性思维往往来自逆向思维。有人落水，常规的思维模式是"让人离水"，而在"司马光砸缸"的故事中，是让水从破缸中流出，这就是"让水离人"的逆向思维。

直觉思维

直觉思维简而言之就是直接地觉察。具体说来，就是人脑对于突然出现在其面前的新事物、新现象、新问题及其关系的一种迅速的识别，是一种直接的理解和判断。

灵感思维

灵感思维即长期思考的问题受到某些事物的启发，忽然得到解决的心理过程。灵感是人脑的功能，是人对客观现实的反映。

在人类历史上，许多重大的科学发现和杰出的文艺创作，往往是灵感这种智慧之花闪现的结果。

逻辑思维

逻辑思维的表现形式是从概念出发，通过分析、比较、判断、推理等形式得出合乎逻辑的结论。创新思维则不同，它一般没有固定的程序，其思维方式大多来自直觉联想和灵感等。

和田十二法

和田十二法，又叫"和田创新法则"，是我国学者许立言、张福奎在奥斯本检核表法的基础上，借用其基本原理，加以创造而提出的一种思维技法。它既是对奥斯本检核表法的一种继承，又是一种大胆的创新。比如，其中的"联一联""定一定"等，就是一种新发展。同时，这些技法更通俗易懂、简便易行，便于推广。

（1）加一加：加高、加厚、加多、组合等。

（2）减一减：减轻、减少、省略等。

（3）扩一扩：放大、扩大、提高功效等。

（4）变一变：变形状、颜色、气味、次序等。

（5）改一改：改缺点、改不便。

（6）缩一缩：压缩、缩小、微型化。

（7）联一联：分析原因和结果有何联系，把某些东西联系起来。

（8）学一学：模仿形状、结构、方法，学习先进。

（9）代一代：用别的材料代替、用别的方法代替。

（10）搬一搬：移作他用。

（11）反一反：思考能否颠倒一下。

（12）定一定：定个界限、标准，提高工作效率。

如果按这 12 个"一"的顺序进行核对和思考，就能从中得到启发，诱发人们的创造性设想。所以，和田十二法、检核表法都是一种打开人们创造思路从而获得创造性设想的"思路提示法"。

六顶思考帽法

六顶思考帽法是英国学者爱德华·德·博诺博士开发的一种思维训练模式，是一个全面思考问题的模型。它提供了"平行思维"的工具，避免将时间浪费在互相争执上。该方法强调的是"能够成为什么"，而非"本身是什么"，是寻求一条向前发展的路，而不是争论谁对谁错。运用六顶思考帽法，将会使混乱的思考变得更清晰，使团体中无意义的争论变成集思广益的创造，使每个人变得富有创造性。

后记

做自己擅长做的事，才有可能创造奇迹！

人，都应当有梦想。

人，都应当努力去实现梦想。

人，都应当掌握实现梦想的工具。

实现这个梦想的工具就是方法。掌握方法，受益一生。在生活和工作中，做任何事情都要讲究方法。比如打台球，如果掌握了基本要领，再勤加练习，就一定能成为高手。我有一次在出差时，碰到一位打台球的职业选手，经他指点后，我掌握了打台球的要领，如如何站位、运杆、瞄准，以前从来打不进球的我现在也可以打进了。通过这个事情，我从中悟出一个道理：从事任何事情，一定要讲方法、讲技巧。

如果你经验丰富、理论基础扎实，对设备原理有一定的了解，若能熟练运用书中的维修原理与方法，就可以成为维修高手。如果你经验不足、理论功底欠缺，只要掌握了书中讲述的维修原理与方法，通过不断地实战学习，也能成为善于攻克维修难题的能手。我希望通过阅读本书，从事维修工作的人能提升维修的水平和技巧。

在本书的编写过程中，作者广泛参阅了国内外有关设备管理与维修等方面的著作与论文，在此对这些专家、作者表示衷心的感谢。叶锡军先生对本书的编写提供了非常大的帮助，欧阳一凡、黄德良、周景秋、沈继权、吴伟志、李诚、施明、张扬、王坤等审阅了全书，并提出了许多宝贵意见和建议，在此也一并表示感谢。

由于水平有限，尽管我尽了很大努力，但书中仍存不妥之处，敬请读者批评指正，以便进一步完善！

喻树洪

2020 年 12 月

图书在版编目（CIP）数据

设备维修方法 / 喻树洪著. -- 北京：中国工人出版社，2020.11
ISBN 978-7-5008-7549-9

Ⅰ.①设…　Ⅱ.①喻…　Ⅲ.①机械维修　Ⅳ.①TH17

中国版本图书馆CIP数据核字（2020）第230661号

设备维修方法

出 版 人	王娇萍	
责 任 编 辑	习艳群	
责 任 印 制	栾征宇	
出 版 发 行	中国工人出版社	
地　　　址	北京市东城区鼓楼外大街45号　邮编：100120	
网　　　址	http://www.wp-china.com	
电　　　话	（010）62005043（总编室）	
	（010）62005039（印制管理中心）	
	（010）82075935（职工教育分社）	
发 行 热 线	（010）62005996　82029051	
经　　　销	各地书店	
印　　　刷	三河市国英印务有限公司	
开　　　本	710毫米×1000毫米　1/16	
印　　　张	10.75	
字　　　数	100千字	
版　　　次	2021年1月第1版　2024年5月第2次印刷	
定　　　价	39.00元	